CINRAD/XA-SD 双偏振多普勒天气雷达技术与测试维修

张 涛 主编

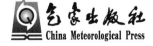

气象出版社
China Meteorological Press

内 容 简 介

本书主要介绍了 CINRAD/XA-SD 双偏振多普勒天气雷达的技术原理与测试维修方法。全书共 7 章,分别详细讲解了 CINRAD/XA-SD 双偏振多普勒天气雷达天馈系统、收发系统、标定系统、信号处理系统、监控系统、伺服系统、终端系统及配电系统的组成、信号流程、关键测试点参数和波形、故障诊断与处理方法以及典型故障诊断与处理个例等。本书内容理论联系实际,实用性和可操作性强,可为各级雷达技术保障人员日常使用及维护提供技术指导,同时可供高校相关专业师生教学、科研阅读参考。

图书在版编目(C I P)数据

CINRAD/XA-SD双偏振多普勒天气雷达技术与测试维修/
张涛主编. -- 北京 : 气象出版社,2023.5
ISBN 978-7-5029-7957-7

Ⅰ. ①C… Ⅱ. ①张… Ⅲ. ①偏振－多普勒天气雷达
－雷达技术②偏振－多普勒天气雷达－测试③偏振－多普
勒天气雷达－维修 Ⅳ. ①TN958

中国国家版本馆CIP数据核字(2023)第065866号

CINRAD/XA-SD 双偏振多普勒天气雷达技术与测试维修
CINRAD/XA-SD Shuangpianzhen Duopule Tianqi Leida Jishu yu Ceshi Weixiu

出版发行:气象出版社

地　　址	北京市海淀区中关村南大街 46 号	**邮政编码**	100081
电　　话	010-68407112(总编室)　010-68408042(发行部)		
网　　址	http://www.qxcbs.com	**E-mail**	qxcbs@cma.gov.cn
责任编辑	杨 辉	**终　审**	张 斌
责任校对	张硕杰	**责任技编**	赵相宁
封面设计	艺点设计		
印　　刷	三河市百盛印装有限公司		
开　　本	787 mm×1092 mm　1/16	**印　张**	10.75
字　　数	280 千字	**彩　插**	1
版　　次	2023 年 5 月第 1 版	**印　次**	2023 年 5 月第 1 次印刷
定　　价	80.00 元		

前　言

鉴于我国是气象和地质灾害多发且频发的国家,中国气象局已在全国建立了 S 波段和 C 波段多普勒天气雷达观测网。云南地处我国西南边陲,地形地貌复杂,区域内海拔差异大,还存在一些雷达探测盲区或雷达图像清晰化程度满足不了需求的地区,而建设大型多普勒天气雷达开展观测成本过高且效果不显著。因此,需要在更多的复杂地形区和灾害多发区建设监测精度高、性能稳定、投资成本适中的多普勒天气雷达。这些多普勒天气雷达建成以后还可以与大型业务多普勒天气雷达形成协同观测机制,在很大程度上提高该地区灾害性天气的监测预警能力。CINRAD/XA-SD 双偏振多普勒天气雷达能有效填补因地形遮挡的低空低仰角探测盲区,增强复杂地形区突发性、灾害性天气监测能力,提高对冰雹、强降水和雷暴大风等的预报预警能力和防灾减灾气象保障水平。

CINRAD/XA-SD 双偏振多普勒天气雷达采用(9400±100) MHz 工作频率,波束宽度较新一代天气雷达小,可探测比新一代天气雷达更为精细的水成物粒子,配合更高时空分辨率的设置,可更快速地获取云团内部水平、垂直运动情况,从而对强对流天气过程的生消时间进行更为准确的监测,提高对局地低空天气系统的快速精细化探测能力。2021 年以来,中国气象局在全国陆续布设了多部 CINRAD/XA-SD 双偏振多普勒天气雷达。为确保 X 波段双偏振多普勒天气雷达网的高效运行,充分发挥应用效益,本书从 7 个方面对 CINRAD/XA-SD 双偏振多普勒天气雷达(以下简称“雷达”)的维护、维修、测试进行了阐述:①雷达的组网和保障情况;②雷达天馈分系统、发射分系统、接收分系统、标定分系统、信号处理分系统、监控分功能、伺服分系统、终端分系统及配电分系统的组成、功能及其技术优势;③雷达安全通则、维护检查内容、设备操作及定期维护流程;④发射分系统、接收分系统、伺服分系统、信号处理分系统信号流程;⑤雷达主要参数检查,工作参数测量,标定及参数调整,UPS 电源检查,接收机噪声系数测试,接收机灵敏度测试,接收机动态范围测试,发射机脉冲包络、频谱、功率、极限改善因子测试方法;⑥雷达发射分系统、接收分系统、伺服分系统及信号处理分系统的故障类型、关键测试点及故障分析;⑦雷达发射机、接收机、伺服分系统典型故障案例分析。

本书共 7 章,第 1 章由张涛撰写,第 2 章由张涛、马芳、舒斌撰写,第 3 章由马芳撰写,第 4 章由张涛撰写,第 5 章由徐八林撰写,第 6 章由舒斌、解莉燕、缪应卿撰写,第 7 章由马芳、何倩、张国兴撰写,部分资料收集和个例分析由杨卫洁和董洋完成。感谢中国气象局气象探测中心高玉春、邵楠和陈玉宝三位正高级工程师对本书给予的技术指导和宝贵建议;同时也感谢成都远望探测技术有限公司在功能测试、典型个例分析方面给予的技术支持。

由于 CINRAD/XA-SD 双偏振多普勒天气雷达是一个较为复杂的系统，本书虽然梳理了一些相对全面的维护、维修、测试技术方法，但由于时间仓促，水平所限，在今后雷达保障工作中还需继续探索，敬请读者批评指正，以便再版时修改。

作者

2022 年 10 月 27 日

目　录

第1章
CINRAD/XA-SD 双偏振多普勒天气雷达概述

1.1 基本组成

CINRAD/XA-SD 双偏振多普勒天气雷达包含以下硬件设备：雷达设备、雷达综合机柜、雷达终端、产品服务终端以及用户终端。

雷达设备发射和接收电磁波，并把接收到的电磁波信号转化为 I/Q 数据，传输给雷达终端。

雷达综合机柜提供电源控制、稳定电源以及网络数据传输。

雷达终端接收并分析雷达设备传输的 I/Q 数据，将分析后的数据以文件形式存储，并通过雷达数据采集子系统（Radar Data Acquisition，RDA）软件展示出来。

产品服务终端将 RDA 的数据解析生成相应的雷达产品并存储。

用户终端提供用户常规操作界面，管控雷达以及雷达相关产品。

常规硬件连接方式如图 1.1。

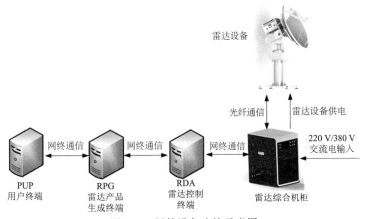

图 1.1 硬件设备连接示意图

1.2 应用情况

CINRAD/XA-SD 双偏振多普勒天气雷达具备数据采集、处理、通信、存储、标定、质量控制、状态监控和远程配置及软件升级等功能。

利用降水粒子对电磁波的散射作用，不仅可以探测降水云高、云厚、云内含水量，还可以探测降水云中流场径向分量及风暴中气流和湍流的活动区，有助于了解降水微物理结构。

对中小尺度风暴、冰雹、强风切变、气旋、龙卷、大风等灾害性天气具有实时监测和预警能力，并能按照规定数据格式输出相应的气象数据资料。

第2章
CINRAD/XA-SD 双偏振多普勒天气雷达
子系统组成及技术特点

2.1 概述

  CINRAD/XA-SD 双偏振多普勒天气雷达系统由以下几个分系统组成:天线系统、伺服转台、综合机柜、收发箱、信号处理器。天线系统主要包含扭波导、探针耦合器、软弯波导、2.4 m 的 X 波段天线头。伺服转台包含伺服转台、制冷器电源、低纹波电源等模块。综合机柜主要包含电源远程控制器、雷达终端、不间断电源(UPS)等模块。收发箱内包含收发系统组件、标定单元、电源控制单元。信号处理器模块安装于收发箱内。

2.1.1 功能和用途

  雷达的早期任务为探测和测距。

  现代任务除获取目标的距离、角度等基本信息外,还包括测速、跟踪、成像和识别等。

  硬件上通过发射和接收电磁波进行信息提取。通过伺服转台运动可完成平面扫描、高度扫描、体积扫描、定点扫描等扫描模式。

  软件上控制硬件工作并监控硬件状态,完成有用信息的提取和演算,并进行前端显示,辅助应用。

  CINRAD/XA-SD 双偏振多普勒天气雷达用途如第 1 章 1.2 节所述。

2.1.2 主要参数性能指标

  雷达主要参数性能指标见表 2.1。

表 2.1 雷达主要参数性能指标

主要参数		指标要求
探测要素	最大探测距离	$\geqslant 150$ km
	最小探测距离	$\leqslant 500$ m
	差分反射率因子	$-7.9 \sim +7.9$ dB
	径向速度	$-48 \sim 48$ m·s^{-1}
	速度谱宽	$0 \sim 16$ m·s^{-1}
探测精度	分辨率	距离$\leqslant 75$ m,角度$\leqslant 1°$
	反射率因子	$\leqslant 1$ dBZ
	径向速度	优于$-1 \sim 1$ m·s^{-1}
	速度谱宽	优于$-1 \sim 1$ m·s^{-1}
	线性退极化比	$\leqslant 0.3$ dB

2.1.3　整机及技术特点

2.1.3.1　CINRAD/XA-SD 双偏振多普勒天气雷达整机

CINRAD/XA-SD 双偏振多普勒天气雷达的组成可分为远程系统和本地系统两大部分。

远程系统即为远程终端;本地系统包含雷达主体和本地终端,雷达主体部分由天馈线、收发箱、转台、底座支架等部分组成。雷达主体如图 2.1。

图 2.1　CINRAD/XA-SD 双偏振多普勒天气雷达主体外观

2.1.3.2　CINRAD/XA-SD 双偏振多普勒天气雷达技术特点

相较于常规天气雷达在探测时仍表现出远距离空间分辨率极低、远距离低空存在盲区等不足,CINRAD/XA-SD 双偏振多普勒天气雷达所具有的分辨率较高、全天候无值守观测且结构简单、故障率低、体积小、轻便、易安装、易维护等特点,使得它在中小尺度天气监测预警、人工影响天气作业指导等方面成为优秀的新一代天气雷达。

CINRAD/XA-SD 双偏振多普勒天气雷达发射机采用全固态功率功放器件,应用波导空间合成技术,200 W 以上峰值功率输出,最大占空比≥18%,具有良好的脉冲调制特性和改善因子,采用高稳定度、低相位噪声恒温晶振,高度隔离的平衡双通道接受通路。

接收机具有高灵敏度、大线性动态范围特性,9.3～9.5 GHz 工作频率,高度集成的模块结构,具有良好的散热特性,系统可 24 h 不间断连续无故障工作。

2.2　天馈分系统

2.2.1　天馈分系统功能和用途

天馈分系统的主要功能是将发射模块输出的大功率电磁波信号传输到天线馈源口,以水平极化和垂直极化的方式发射出去,以水平和垂直双极化的形式接收气象目标回波信号,并传输到接收模块。

2.2.2 天馈分系统技术指标

天馈分系统技术指标见表2.2。

表 2.2 天馈分系统技术指标

项目		指标要求
天线形式		圆形旋转抛物面反射体天线,喇叭中心馈电
工作频率		9.3~9.5 GHz
极化方式		线性水平、垂直极化
反射面直径		≥2.4 m
水平波束宽度(3 dB)		≤1°
垂直波束宽度(3 dB)		≤1°
波束宽度差(3 dB)		≤0.05°
波束(电轴)指向方向差		≤0.05°
增益	水平	≥44 dB
	垂直	≥44 dB
天线增益差		≤0.1 dB
第一副瓣电平		≤−29 dB
远端副瓣电平(−10°~10°以外)		≤−40 dB
交叉极化隔离度		≥35 dB
驻波		≤1.5
馈线损耗		水平、垂直损耗均≤2.5 dB

2.2.3 天馈分系统组成和工作原理

天馈分系统主要由天线抛物面、馈源、极化双工器、馈线等部分组成。

发射模块送来的电磁波信号,经过馈源后,以一定的锥削电平照射反射面,经反射面反射后,形成锐波束照射目标。目标反射信号传输至天线,经天线接收经过极化双工器进入馈源,后送入接收分系统(图2.2)。

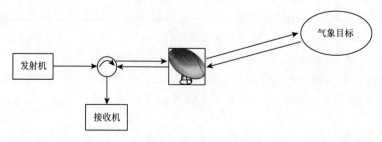

图 2.2 雷达工作框图

2.2.3.1 反射面

反射面采用的抛物面形式是正前馈旋转抛物面,它由两部分组成,其一是抛物线绕其焦轴旋转而成的抛物反射面,反射面一般采用导电性能良好的金属或在其他材料上敷以金属层支撑;其二是置于抛物面焦点处的馈源。馈源把高频导波能量转变成电磁波能量并投向抛物反射面,而抛物反射面将馈源透射来的球面波沿抛物面的轴向反射出去,从而获得很强的方向性,天线抛物面设计如图 2.3。

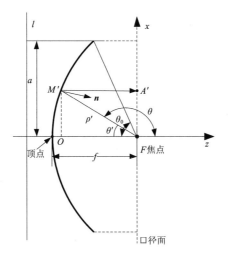

图 2.3　天线抛物面设计

图 2.3 中 f 为抛物面的焦距,在以焦点 F 为原点的球坐标系中,由抛物面的几何特性可得:

$$FM' + M'A' = \rho' + \rho'\cos\theta' = 2f \tag{2.1}$$

化简式(2.1),得抛物型反射面的方程为:

$$\rho' = \frac{2f}{1+\cos\theta'} = \frac{2f}{1-\cos\theta}, \pi - \theta_0 \leqslant \theta \leqslant \pi \tag{2.2}$$

式中,θ_0 为抛物面的半张角;ρ' 为 FM' 的长度;θ' 为 FM' 与 OF 的夹角。

抛物面在过焦点且垂直于轴的平面上的投影即为抛物面天线的口径面。抛物面天线口径场的相位是均匀的,口径场的幅度分布由馈源的辐射特性确定,圆口径天线的坐标系见图 2.4。

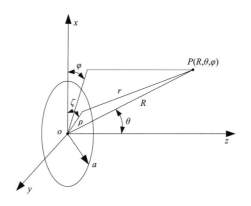

图 2.4　圆口径天线坐标系

由抛物线几何性质可知:平行入射波束到达焦点 F 所走的路程相等。当旋转抛物面天线的轴线对准位于远场的点源,远场点源发出的电磁波平行于旋转抛物面天线的轴线方向传播,经旋转抛物面反射面反射之后在焦点 F 处同相聚焦,于是将馈源设置于抛物面反射面的焦点 F 处,就可以接收到反射面所截获的电磁波了。因馈源位置在反射面前面而称之为前馈天线。

圆口径天线辐射场的一般表达式(极坐标形式)为:

$$E_P(R,\theta,\varphi) = \frac{1}{4\pi}\int_0^{2\pi}\int_0^a E(\rho,\xi)\frac{\exp(-jkr)}{r}\left[\left(jk+\frac{1}{r}\right)zr + jkzs\right]\rho\mathrm{d}\rho\mathrm{d}\xi \qquad (2.3)$$

式中,R、ρ 为线段长度;$E(\rho,\xi)$ 为圆口面场;a 为圆口径天线口面的半径;j 为虚数单位;k 为自由空间波数;z、r 为 z、r 方向的单位矢量;s 为口面上垂直于相位波前的单位矢量。

在口径天线的散射场区,可做如下近似:

①式(2.3)中小括号内的 $1/r$ 项相对于 k 而言可忽略不计;

②(zr)项在口面上的变化可以不考虑,用常量 $\cos\theta$ 代替;

③(zs)项与口面上相位分布有关,当口面相位为均匀分布时,可用常数 1 代替;

④在与 a、b 两项同等精度的前提下,将括号外的乘积项 $1/r$ 代之以从原点到场点 P 的距离 $1/R$;

⑤当场集中在 z 轴附近区域时,用球坐标表示的相位因子中 r 的计算式(2.4)。

$$r^2 = R^2 + \rho^2 - 2R\rho\sin\theta\cos(\varphi-\xi) \qquad (2.4)$$

在辐射远场区,略去二阶以上的高次项,得:

$$\begin{aligned}r &\approx R - \rho\cos\xi\sin\theta\cos\varphi - \rho\sin\xi\sin\theta\sin\varphi\\ &= R - \rho\sin\theta\cos(\varphi-\xi)\end{aligned} \qquad (2.5)$$

利用式(2.5),得到散射场区的近似辐射场计算式(2.6)。

$$E_P(R,\theta,\varphi) = \frac{j(\cos\theta+1)}{2\lambda R}\exp(-jkR)\int_0^{2\pi}\int_0^a E(\rho,\xi)\exp[jk\rho\sin\theta\cos(\varphi-\xi)]\rho\mathrm{d}\rho\mathrm{d}\xi \qquad (2.6)$$

从式(2.6)可以看出:当口径天线的口面相位均匀分布或接近均匀分布时,场中绝大部分能量都集中于 z 轴附近的一个小角度区域内。

2.2.3.2 波导

端口输出为波导口输出,具体为 FBP100 标准法兰盘,由 4 个 M3 螺纹孔与外系统连接,2 个法兰出口依次为水平极化出口、垂直极化出口。

2.2.3.3 偏振和极化

天线采用双偏振即双极化的工作模式,可以实现水平极化、垂直极化同时或分时发射;水平极化、垂直极化同时接收。

2.2.3.4 偏振模式

偏振模式为双偏振,即双极化。天线通过馈线链路增加正交模器件来实现这一功能。

2.2.4 天馈分系统结构

CINRAD/XA-SD 双偏振多普勒天气雷达天馈系统结构主要由三部分组成:反射面组件、馈源、馈线;其中,反射面为铝材(吊装件为钢材),馈源及馈线主材为铜材,系统总重量≤100 kg,各部分结构如图 2.5—图 2.8 所示。

2.4 m 口径反射面组件,焦径比 0.3,反射面面板模具成型,与背部加强筋铆接成型,不需经过拆装。反射面精度优于 0.2 mm,具体结构见图 2.8。

图 2.5　雷达天馈系统 1

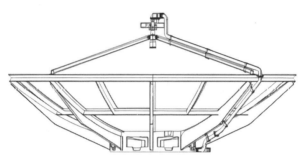

图 2.6　雷达天馈系统 2

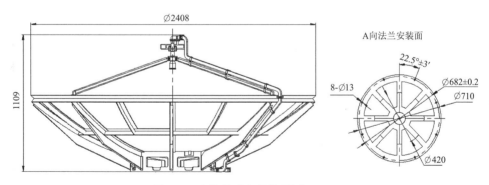

图 2.7　安装尺寸和结构(单位:mm)

(∅ 表示直径;8-∅13 表示 8 个直径为 13 mm 的圆均匀分布)

图 2.8　反射面结构三维模型图

2.3 发射分系统

2.3.1 发射分系统的组成和工作原理

2.3.1.1 发射分系统的组成

发射分系统主要由几个部分组成:频综、上变频、功放单元、电源控制单元、波导开关、波导环形器(表 2.3)。

表 2.3 发射分系统组成表

序号	单元名称	说明
1	频综模块	同时给发射通道提供本振,给信号处理机提供采样时钟
2	上变频发射信道	主要由滤波器、混频器、放大器和调制开关组成,上变频部分是将60 MHz中频激励信号,经过两次变频至 9.3~9.5 GHz 的射频信号输出
3	功放单元	主要由驱放模块和功放模块组成,将上变频之后的射频激励信号放大输出至波导开关
4	电源控制单元	电源单元对各单元模块的电源供电进行电压转换;控制单元和信号处理器实时通信,控制各单元模块的工作状态,并对各模块的状态进行监控
5	波导开关、波导环形器	通过波导开关将功放放大后的信号输出至天线,切换波导开关状态可以控制雷达的 H 单发射和 H、V 双发射

2.3.1.2 发射分系统工作原理

信号处理器收到发射指令后,输出对应的直接数字频率合成器(DDS)中频信号给上变频模块,在上变频模块内部和本振 LO1、LO2 进行混频,将 DDS 中频信号混频为发射激励信号输入发射机,激励信号在发射机内部经过逐级放大再合成,形成大功率发射信号从发射机口输出,经过波导开关、波导功分器、隔离器、环形器输出到天馈系统。

2.3.2 发射分系统技术指标

发射分系统技术指标见表 2.4。

表 2.4 发射分系统技术指标

项目	指标要求
发射机形式	全固态功率合成
寿命	全寿命周期
工作频率	9.3~9.5 GHz
脉冲峰值功率	$\geqslant$1000 W
脉冲重复频率	200~5000 Hz
机内功率检测波动	$\leqslant$0.2 dB
脉冲宽度	0.5~200 μs(可选)
谐波和杂散抑制	$\geqslant$40 dB

续表

项目		指标要求
改善因子		≥50 dB
故障检测和保护		发生过占空比、过脉宽、过温、过流等情况时可报警并实现自保，输出功率低时输出报警信号
输出改善因子		≥52 dB
相位噪声(本振)	@1 kHz	≤−110 dBc/Hz
	@10 kHz	≤−115 dBc/Hz
本振中的射频信号抑制		≥60 dB

2.3.3　发射分系统各个组成部分技术特点

2.3.3.1　发射机

（1）发射机功能描述

发射机主要功能是对射频激励信号进行功率放大，并且在输出端进行耦合输入和耦合输出。发射机主要由驱放模块、功放模块和波导合路器组成。上变频模块产生的射频激励信号，经过驱动模块放大之后，再进入功放模块，经功放模块再次放大之后，由末级波导合路器，将信号合成输出。

发射机设计从结构形式、体积、合成路数、合成效率等方面考虑，选用微带合成与矩形波导合成器相结合的合成方式。首先将 2 个 63 W 的功率芯片采用微带合成的方式合成为一级放大单元；然后通过微带探针和波导合路器相结合，将 2 个一级放大单元合成为 1 个二级功率模块；最后通过波导合成器将 6 个二级功率模块合成为 1300 W（理论值）的固态功率放大器。本功放合成方式既满足合成功率需求，又满足合成路数对称分配。实现天线口功率输出，同时对外提供运行状态参数。主监控单元的作用是实时监测设备内部各模块的工作状态，配合系统的控制主机实现远程干预、故障定位和安全保护功能。供电单元为系统其他各单元提供所需的稳定的电压或电流。

功放链路如图 2.9 所示。

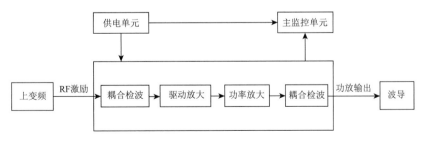

图 2.9　功放链路示意图

发射机实物如图 2.10。

图 2.10　发射机实物图

（2）发射机技术指标

发射机技术指标见表 2.5。

表 2.5　发射机技术指标

项目	指标要求
发射机形式	全固态功率合成
寿命	全寿命周期
工作频率	9.3～9.5 GHz
脉冲峰值功率	≥1000 W
脉冲重复频率	200～5000 Hz
机内功率检测波动	≤0.2 dB
脉冲宽度	0.5～200 μs(可选)
谐波和杂散抑制	≥40 dB
改善因子	≥50 dB
频谱宽度	≥50 dBc@(F0±23) MHz；≥40 dBc@(F0±15) MHz
故障检测和保护	发生过占空比、过脉宽、过温、过流等情况时可报警并实现自保，输出功率低时输出报警信号

（3）发射机关键器件指标

①驱动单元

驱动单元将功率放大,推动末级功放能够饱和工作(表 2.6)。

表 2.6　驱动单元指标要求

项目	指标要求
输入功率	(5±2) dBm
输出功率	≥43 dBm
最大占空比	≥20%
脉冲宽度	0.5～200 µs(可选)
顶降	≤0.6 dB(200 µs 测试,包括过冲)
改善因子	≥55 dB
脉冲上升/下降沿	≤100 ns(正脉冲调制)
脉冲宽度误差	−50～50 ns
发射机输出频谱	−50 dB 处≤±22.95 MHz,−40 dB 处≤±15 MHz (信处输出脉宽 0.5 µs 点频脉冲测试)
输出具有隔离器保护	—

a. 工作原理

单个末级功放芯片的驱动功率为 28 dBm,一共 24 个末级功放,24 路功分器的理论损耗为 14 dB,功分损耗和线路损耗不超过 1 dB,则驱动放大器的输出功率为 43 dBm。方案选用 1 个功率放大器作为驱动功放,可以很好地满足驱动功率要求,又有一定的余量。

b. 组成

由上述驱放的输出功率分析,其输出功率要求最小为 43 dBm,因此采用输出功率为 47 dBm 的功放芯片。

图 2.11 为整个驱放单元的射频链路和电源调制电路的简单框图。

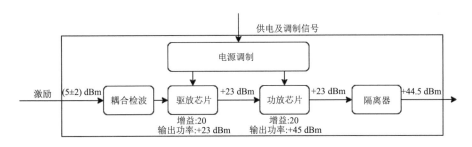

图 2.11　驱放单元工作框图

激励信号的输入功率约为(5±2) dBm,对该信号进行耦合检波,判断是否有输入信号;然后经过驱放芯片将激励信号的功率放大到+23 dBm,再由功放芯片将信号放大到+45 dBm 并经过隔离器输出。其中,电源调制电路包括负压保护电路和漏极电源调制电路,对驱放和功放芯片进行保护和脉冲调制。

c. 外形尺寸

驱放单元外形尺寸为 92 mm×52 mm×41.4 mm(包含器件),具体尺寸信息如图 2.12 所示。

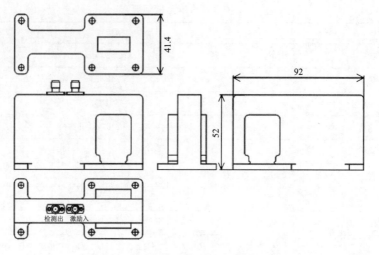

图 2.12　驱放单元外形尺寸(单位:mm)

d.射频接口

射频接口定义见表 2.7。

表 2.7　射频接口定义

序号	接口定义	接口形式
1	射频激励入	SMA-K
2	检测出	SMA-K
3	驱放输出	BJ100

e.电源接口

电源接口定义见表 2.8。

表 2.8　驱动单元电源接口定义

序号	接口定义	接口说明
1	+28 V	驱放供电
2	GND	驱放地
3	−5 V	负压
4	TTL	调制脉冲
5	+5 V	放大器供电

f.关键器件指标

驱动放大器由双电源供电,正电压+28 V,负电压−2.3 V,动态电流 2.4 A。放大器在所需频带内,连续波输出功率为 43 dBm,功率增益为 21 dB,功率附加效率为 36%(图 2.13)。

·关键指标:

频率:8~12 GHz;

连续波(CW)输出功率:43 dBm;

功率附加效率:35%;

功率增益:21 dB;

小信号增益:28 dB;

电压:V_d(正电压):$+28$ V;V_g(负电压):-2.3 V;

芯片尺寸:3.15 mm$\times$2.6 mm。

•产品简介:HG155FB-2 是一款 8~12 GHz、20 W GaN 连续波动率放大器芯片,采用双电源供电,输入输出端已集成隔直电容。

电性能指标:T_A(环境温度)$=25$ ℃,$V_d=+28$ V,$V_g=-2.3$ V,CW 输出功率$=43$ dBm,P_{in}(功率变量)$=23$ dBm;

频率:8~12 GHz;

功率增益:21 dB;

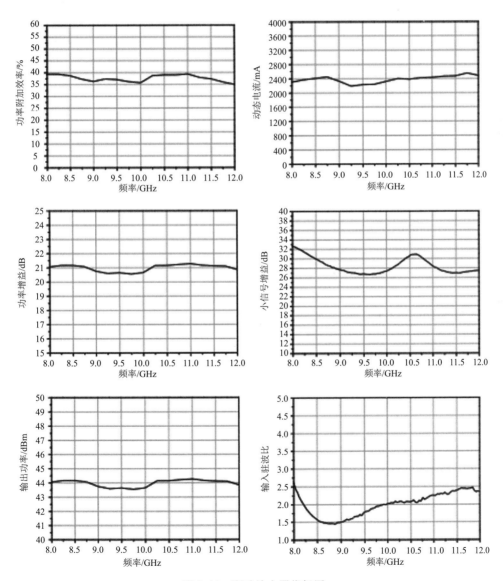

图 2.13 驱动放大器指标图

功率增益平坦度：−0.4～0.4 dB；

输入驻波：2；

输出功率：43 dBm；

功率附加效率：35％；

典型测试曲线如图 2.13 所示（$P_{in}=23$ dBm）。

②功放单元

a. 工作原理

发射机输出功率要求大于 1000 W，设计从结构形式、体积、合成路数、合成效率等方面考虑，选用微带合成与矩形波导合成器相结合的合成方式。首先将 2 个 63 W 的功率芯片采用微带合成的方式合成为一级放大单元；然后通过微带探针和波导合路器相结合，将 2 个一级放大单元合成为 1 个二级功率模块；最后通过波导合成器将 6 个二级功率模块合成为 1300 W（理论值）的固态功率放大器，本功放合成方式既满足合成功率需求，又满足合成路数对称分配，其合成原理框图如图 2.14 所示。

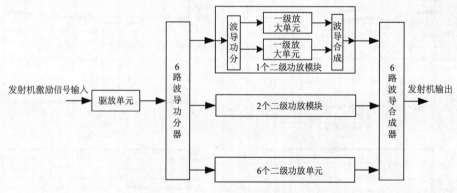

图 2.14　发射机原理框图

射频激励信号经过驱动单元将功率放大之后，进入 1 个 6 路波导功分器，将信号功分成 6 路，之后 6 路射频信号分别经过 1 个二级功放单元，将末级功放推动至饱和工作状态。其中二级功放单元中包含有 1 个波导功分器、2 个功放芯片和 1 个波导合成器，目的是先将信号的功率增大 1 倍。最后 6 路信号再经过 1 个 6 路波导合成器，将信号功率合成后输出。功放单元将 24 个功放芯片进行功率合成，合成输出功率大于 1000 W 输出。

b. 组成

由上述功率合成分析，共采用 24 个功放芯片经过功率合成输出，整个末级功放单元的射频链路、检测电路和电源调制电路的简单框图如图 2.15。

激励信号的输入功率约为（44±1）dBm，然后经过波导和微带的 1 分 24 功分器将激励信号功分为 24 路，每路功率约为＋28 dBm，再由功放芯片将信号放大到＋47 dBm 并经过隔离器输出，经过微带和波导的 24 合一功率合成电路将功率合成输出。其中，电源调制电路包括负压保护电路和漏极电源调制电路，对驱放和功放芯片进行保护和脉冲调制。电路中放置温度传感器对末级功放进行温度检测，输出端采用耦合检波的方式对输出功率进行测试。

功放单元采用模块化设计，4 个功放芯片组成 1 个功放小模块，总共由 6 个功放小模块组成。

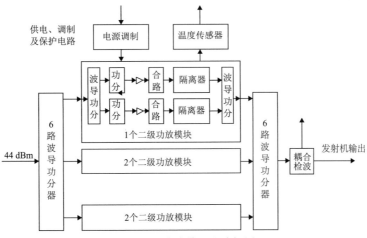

图 2.15　功放单元电路框图

c. 外形尺寸

功放分为 A、B 两种,其外形尺寸均为 89 mm×77 mm×48 mm(包含顶部器件),接口方向分为 2 种,具体尺寸信息如图 2.16、图 2.17 所示。

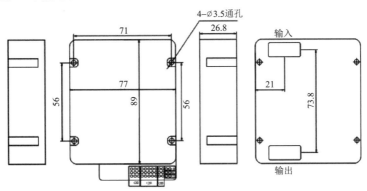

图 2.16　功放 A 外形尺寸(单位:mm)

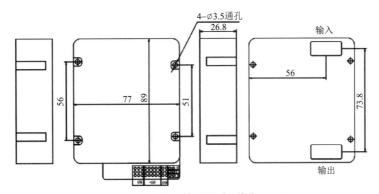

图 2.17　功放 B 外形尺寸(单位:mm)

d. 功放小模块指标

输入功率:34～36 dBm;

输出功率：≥180 W；

最大占空比：≥20%；

脉宽：0.5～200 μs；

顶降：≤0.6 dB(200 μs 测试，包括过冲)；

改善因子：≥55 dB；

脉冲上升/下降沿：≤100 ns(正脉冲调制)；

脉宽误差：−50～50 ns；

发射机输出频谱：−50 dB 处≤±22.95 MHz、−40 dB 处≤±15 MHz(信处输出脉宽 0.5 μs 点频脉冲测试)；

输出具有隔离器保护。

e. 电源控制

电源和控制接口使用 3 mm×12 个长排针(引脚定义见外形尺寸图)(表 2.9)。

表 2.9　功放单元电源接口定义

序号	接口定义	接口说明
1	+28 V	功放供电
2	GND	功放地
3	−6 V	负压
4	TTL	调制脉冲

f. 关键器件指标

功率放大器由双电源供电，正电压+28 V，负电压−1.8 V，动态电流 4.8 A。放大器在所需频带内，前级至少需要+26 dBm 的输入功率，饱和输出功率为 47 dBm，功率增益为 22 dB，功率附加效率为 48%。具体指标见图 2.18、图 2.19。

性能特点：

频率范围：8.5～10.5 GHz；

功率增益：21 dB；

饱和输出功率：47 dBm；

功率附加效率：45%；

+28 V@3.0 A(静态)；

芯片尺寸：4.00 mm×5.15 mm×0.08 mm。

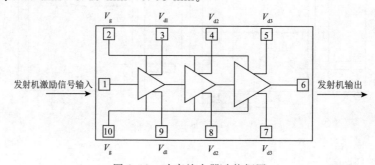

图 2.18　功率放大器功能框图

(V_g：负电压；V_d：正电压；1—10：分别表示不同端口)

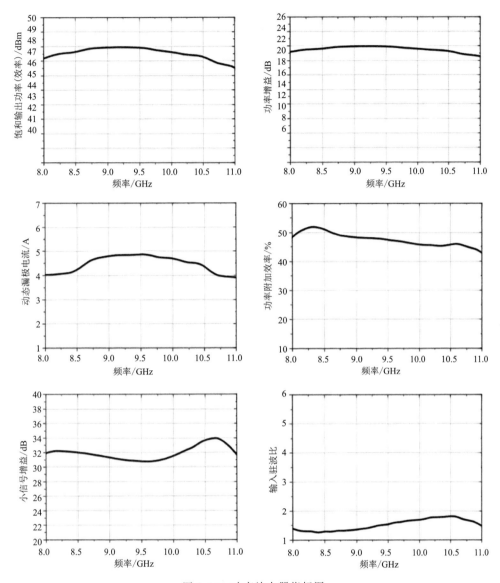

图 2.19　功率放大器指标图

产品简介：NC116102C-8510P50 是一款基于 GaN HEMT 晶体管实现的高功率放大器芯片，采用 GaN 功率 MMIC 工艺制作。工作频率范围覆盖 $8.5\sim10.5$ GHz，功率增益为 21 dB，典型饱和输出功率 50 W，典型功率附加效率 45%，可在脉冲模式下工作。芯片通过背面通孔接地，双电源工作，典型工作电压 $V_d=28$ V，$V_g=-1.8$ V。该芯片主要应用于微波收发组件、固态发射机等。

（4）发射机接口分布

发射机重要接口有激励输入、激励耦合输出、发射输出、电源接口、控制接口。图 2.20 是具体的发射机接口分布图。

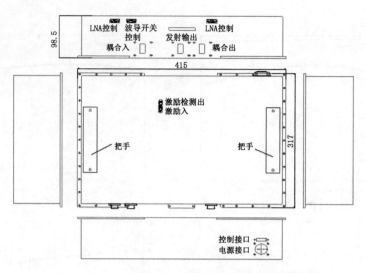

图 2.20　发射机接口分布图(单位:mm)

(5)发射机接口定义

发射机接口定义说明见表 2.10。

表 2.10　发射机接口定义说明

序号	射频接口	连接器
1	激励输入	SMA
2	激励耦合输出	SMA
3	发射输出	波导口
4	电源接口	XCE24F14Z1D1
5	控制接口	J30JA-21ZKP

电源接口使用 XCE24T14K1P1,其接口定义见表 2.11。

表 2.11　发射机电源接口定义

引脚号	接口定义
1、2	−12 V
3、4、5、7	+30 V
8、10、11、12	+30 V_GND
6、9	GND
13	风扇电源
14	风扇地

控制输入接口采用 J30JA-21ZKP,其控制定义见表 2.12。

表 2.12　控制接口定义

引脚号	定义	备注
1	XFQKG2	H 限幅器开关控制
2	BD-STAT1	波导开关状态
3	BD-STAT2	波导开关状态
4	BD-SW1	波导开关控制
5	BD-SW2	波导开关控制
6	TTL	功放脉冲调制
7	GND	—
8	XFQKG1	V 限幅器开关控制
9	2K4	低噪放控制（转接）
10	2K3	低噪放控制（转接）
11	28V_OUT	—
12	TM-SCLK	温度传感器
13	TM-SDA	温度传感器
14	1K1	低噪放控制（转接）
15	1K4	低噪放控制（转接）
16	K2	低噪放控制（转接）
17	1K3	低噪放控制（转接）
18	ON/OFF	波导开关供电使能
19	2K1	低噪放控制（转接）
20	12V_IN	—
21	28V_OUT	—

低噪声放大器（Low Noise Amplifier，LNA）控制供电接口采用 J30JA-9ZKP，H 路和 V 路采用单独控制，其控制定义见表 2.13。

表 2.13　LNA 控制供电接口定义

引脚号	定义	备注
1	6 V	—
2	GND	—
3	GND	—
4	K2	低噪放控制
5	K1	低噪放控制
6	XFSW1	限幅器开关控制
7	XFSW2	限幅器开关控制
8	K4	低噪放控制
9	K3	低噪放控制

波导开关控制接口采用 J30JA-9ZKP,其控制定义见表 2.14。

表 2.14 波导开关控制接口定义

引脚号	定义	备注
1	BD-STAT1	波导开关状态
2	GND	—
3	3.3 V	—
4	3.3 V	—
5	BD-SW1	波导开关控制
6	BD-STAT2	波导开关状态
7	BD-SW1	波导开关控制
8	NC	—
9	NC	—

(6)发射机关键波形

含参数范围、测试仪表名称、仪表设置、测试点实物图、测试图形等。

频率范围:射频频率 9.3~9.5 GHz。

测试仪器:功率计、示波器、频谱仪(测试界面分别如图 2.21、图 2.22、图 2.23)。

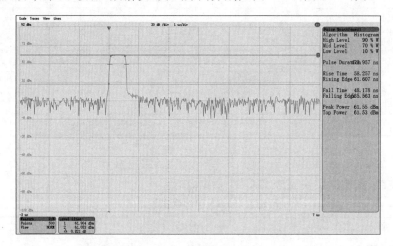

图 2.21 发射脉冲功率

发射机输入输出电缆信号属性如下。

输入:射频信号 9.3~9.5 GHz,输入功率(5±2) dBm。

输出:射频信号 9.3~9.5 GHz,输出功率≥60 dBm。

发射机各功能模块输入输出电缆信号属性如下。

驱放模块:

输入:射频信号 9.3~9.5 GHz,输入功率(10±1) dBm,接口为 SMA。

输出:射频信号 9.3~9.5 GHz,输出功率≥44 dBm,接口为 BJ100 波导口。

功放模块:

输入:射频信号 9.3~9.5 GHz,输入功率≥44 dBm,接口为 BJ100 波导口。

输出:射频信号 9.3～9.5 GHz,输出功率≥60 dBm,接口为 BJ100 波导口。

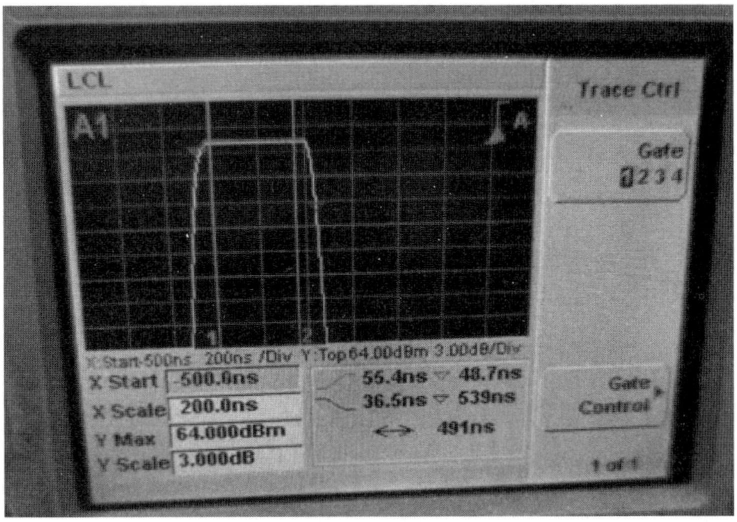

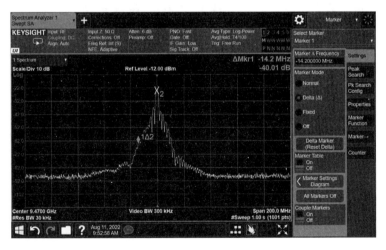

图 2.22　发射脉冲上升、下降沿

图 2.23　发射脉冲频谱宽度

2.3.3.2　频综

（1）频综功能描述

频综模块主要为收发系统提供本振信号及采样时钟信号,其内部集成 100 MHz 高稳定度温补晶体振荡器(图 2.24)。频综模块分别输出第一本振信号、第二本振信号和采样时钟信号。第一本振信号主要为接收模块、发射模块、标定模块提供变频所需的信号,第二本振信号主要为接收信道、发射信道提供变频所需要的信号,采样时钟信号为数字处理模块提供 720 MHz 的时钟信号。

第一本振采用直接合成电路。100 MHz 信号功分两路,一路放大进入谐波发生器 1 后通过滤波放大输出两路 1100 MHz 信号,一路产生的 1100 MHz 信号进入谐波发生器 2 后通过滤波放大输出 7700 MHz 的信号,另一路产生的 1100 MHz 信号进入第二本振放大电路;一路 100 MHz 信号放大后进入锁相环 LMX2594 后输出 440～640 MHz 的信号,440～640 MHz 的信号与 7700 MHz 的信号通过混频滤波放大功分后输出 4 路 8140～8340 MHz 本振信号,分别送到接收机模块、上变频模块和标定模块。

第二本振采用直接合成电路,由第一本振产生的一路 1100 MHz 信号,经过放大滤波功分后输出分别送到接收机模块、上变频模块。

720 MHz 采样时钟信号为锁相环电路,采用的鉴相器集成压控振荡器(Voltage Controlled Oscillator,VCO),设置好环路滤波器与控制信息即可输出 720 MHz 的时钟信号,最后经滤波后输出为信号处理器提供时钟参考信号。

图 2.24　频综实物图

(2)频综技术指标

第一本振 8140～8340 MHz 技术指标见表 2.15。

表 2.15　第一本振技术指标

项目		指标要求
频率		8140～8340 MHz
相位噪声		@1 kHz≤－110 dBc/Hz
		@10 kHz≤－115 dBc/Hz
杂散		≥60 dB
调频时间		≤5 ms
输出功率	LO1	0～5 dBm
	LO1	0～5 dBm
	LO1	0～5 dBm

第二本振 1100 MHz 技术指标见表 2.16。

表 2.16　第二本振技术指标

项目		指标要求
频率		1100 MHz
相位噪声		@1 kHz≤−110 dBc/Hz
		@10 kHz≤−115 dBc/Hz
杂散		≥60 dB
输出功率	LO2	0~5 dBm
	LO2	0~5 dBm

采样时钟信号 720 MHz 技术指标见表 2.17。

表 2.17　采样时钟信号技术指标

项目	指标要求
频率	720 MHz
相位噪声	@1 kHz≤−110 dBc/Hz
	@10 kHz≤−115 dBc/Hz
杂散	≥60 dB
输出功率	0~5 dBm

（3）频综关键器件指标

频综关键器件是 100 MHz 晶体振荡器、锁相环芯片,其主要指标见表 2.18。

100 MHz 晶体振荡器输出功率大于 6 dBm,优良的输出相位噪声@1 kHz≤−155 dBc/Hz,@10 kHz≤−170 dBc/Hz。

表 2.18　晶体振荡器指标

	参数	最小值	典型值	最大值	单位	测试条件
输出	标称频率		100		MHz	—
	初始精度	—	—	±0.2	ppm	@+25 ℃, 开机 15 min 后,出货 90 d 内
						压控脚@+2.25±0.001 V
	波形		正弦波		—	—
	电平	+6	+8	—	dBm	—
	负载	—	50	—	Ω	—
	谐波	—		−40	dBc	—
	杂波	—		−110	dBc	—

续表

	参数	最小值	典型值	最大值	单位	测试条件
频率稳定度	温度特性	—	±5	±20	ppb	−40~70 ℃,相对于 25 ℃的频率
	老化特性	—	—	±1	ppb	出货前,日老化指标
	日老化	—	—	±1	ppb	工作 14 d 后
	年老化	—	—	±0.1	ppm	—
	10 a 老化	—	—	±0.5	ppm	—
	电压变动率	—	—	±10	ppb	工作电压±5% 波动
	短期稳定度	—	—	0.05	ppb/s	阿伦方差
	负载变动率	—	—	±10	ppb	负载±5% 波动
	开机特性	—	—	±50	ppb	@+25 ℃,开机 5 min f1 相对 1 h f2
	相位噪声 (静态)	—	—	—	dBc/Hz	@1 Hz
		—	−104	—	dBc/Hz	@10 Hz
		—	−133	—	dBc/Hz	@100 Hz
		—	−160	−155	dBc/Hz	@1 kHz
		—	−170	—	dBc/Hz	@10 kHz
		—	−175	—	dBc/Hz	@100 kHz
		—	—	—	dBc/Hz	@1 MHz

注:1 ppm$=10^{-6}$;1 ppb$=10^{-9}$。

LMX2594 是一款高性能宽带合成器,可在不使用内部加倍器的情况下生成10~15 GHz 范围内的任何频率,因而无须使用分谐波滤波器。品质因数为-236 dBc/Hz 的高性能锁相环(Phase Locked Loop,PLL)和高相位检测器频率可实现非常低的带内噪声和集成抖动。高速 N 分频器没有预分频器,从而显著减少了杂散的振幅和数量。还有 1 个可减轻整数边界杂散的可编程输入乘法器。LMX2594 允许用户同步多个器件的输出,并可在输入和输出之间确定需要延迟的情况下应用。频率斜升发生器可在自动斜坡生成选项或手动选项中最多合成 2 段斜坡,以实现最大的灵活性。通过快速校准算法可将频率加快至 20 μs 以上。LMX2594 增添了对生成或重复 SYSREF 信号(符合 JESD204B 标准)的支持,使其成为高速数据转换器的理想低噪声时钟源。此配置中提供了精细的延迟调节(9 ps 分辨率),以解决板迹线的延迟差异。LMX2594 中的输出驱动器在载波频率为 15 GHz 时提供高达 7 dBm 的输出功率。该器件采用单个 3.3 V 电源供电,并具有集成的压差线性稳压器(Low Dropout Regulator,LDO),无须板载低噪声 LDO。

LMX2594 器件介绍:

①10~15000 MHz 输出频率;

②在 100 kHz 偏频和 15 GHz 载波的情况下具有-110 dBc/Hz 的相位噪声;

③7.5 GHz 时,具有 45 fs rms 抖动(0.1~100 MHz);

④可编程输出功率;

⑤PLL 主要规格:

品质因数－236 dBc/Hz；

标称 1/f 噪声－129 dBc/Hz；

最高相位检测器频率；

400 MHz 整数模式；

300 MHz 分数模式；

32 位分数 N 分频器；

⑥用可编程输入乘法器消除整数边界杂散；

⑦跨多个设备实现输出相位同步；

⑧支持具有 9 ps 分辨率可编程延迟的 SYSREF；

⑨用于 FMCW 应用的频率斜升和线性调频脉冲生成能力；

⑩小于 20 μs VCO 校准速度；

⑪3.3 V 单电源运行。

从图 2.25 可知,该锁相环输出 540 MHz 的相位噪声为:－119.5 dBc/Hz@1 kHz、－129.5 dBc/Hz @10 kHz。该锁相环的闪烁噪声 PLL_flicker(offset)＝－129＋20lg(VCO/1 GHz)－10lg(offset/10 kHz)＝－100.5 dBc/Hz@10Hz。

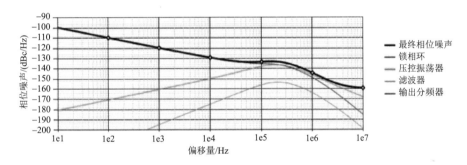

图 2.25　LMX2594 输出 540 MHz 时的相位噪声

综上,锁相环输出频率为 440～540 MHz 时,输出相位噪声为:－119.5 dBc/Hz@1 kHz、－129.5 dBc/Hz @10 kHz。

第二本振直接采用晶振信号通过谐波发生器方式产生信号,其相位噪声根据 $20 \times \lg N$ 的方式来计算,$N＝1100/100＝11$,相位噪声恶化 20.8 dB。

晶振的相位噪声指标:

≤－155 dBc/Hz@1 kHz；

≤－170 dBc/Hz@10 kHz。

第二本振相位噪声指标:

≤－134.2 dBc/Hz@1 kHz；

≤－149.2 dBc/Hz@10 kHz。

通过图 2.26 可以得出,通过相位噪声测试仪实际测试出第二本振相位噪声:

≤－125.99 dBc/Hz@1 kHz；

≤－130.00 dBc/Hz@10 kHz。

由图 2.26 可以得出第一本振信号是由第二本振通过谐波发生器产生的 7700 MHz 信号与 LMX2594 产生的(540±100) MHz 信号混频得出的信号,对其混频进行仿真。

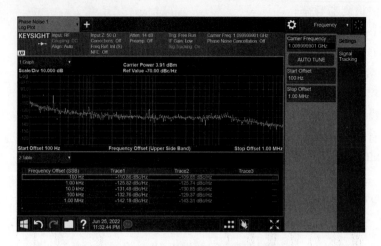

图 2.26 第二本振实测相位噪声曲线

通过图 2.27 可以得出,混频产生的主要杂散信号为射频信号(Radio Frequency,RF)的二次谐波与三次谐波与本振信号混频产生,通过对作为 RF 信号的(540±100) MHz 进行多次滤波后能产生杂散较小的信号,满足混频要求。

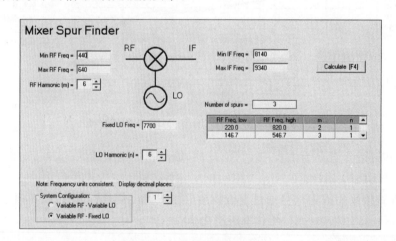

图 2.27 第一本振混频电路

混频后再进行滤波放大输出的第一本振信号的相位噪声实测如图 2.28 所示。

通过图 2.28 可以得出,通过相位噪声测试仪实际测试出第一本振相位噪声:

≤−112.65 dBc/Hz@1 kHz;

≤−119.53 dBc/Hz@10 kHz。

采样时钟信号主要使用的是锁相环芯片 LTC6946,其主要指标及相位噪声如下:

①具有集成 VCO 的低噪声整数 N PLL;

②−226 dBc/Hz 归一化带内相位噪底;

③−274 dBc/Hz 归一化带内 l/f 噪声;

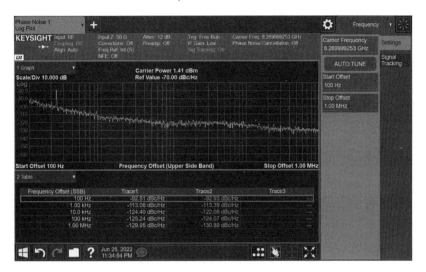

图 2.28　第一本振实测相位噪声曲线

④−157 dBc/Hz 宽带输出相位噪底;

⑤出色的杂散性能;

⑥输出分频器(1～6,50％占空比);

⑦输出缓冲静音;

⑧低噪声参考缓冲器;

⑨电荷泵电流可调范围为 0.25～11.2 mA;

⑩可配置状态输出;

⑪SPI 兼容串口控制;

⑫PLLWizard™软件设计工具支持。

LTC6946 是具集成型 VCO 的高性能整数 N 频率合成器系列中的首款器件,该器件可提供−226 dBc/Hz 归一化闭环带内相位噪声、绝佳的−274 dBc/Hz 归一化带内 1/f 噪声和同类最佳的−103 dBc 杂散输出。在典型的 900 MHz 应用中,这些性能特征有助于在 1 kHz 偏移频率下实现−100 dBc/Hz 的闭环相位噪声。该器件可提供 3 种频率选项:LTC6946-1 的调谐范围 2.24～3.74 GHz,LTC6946-2 的覆盖范围 3.08～4.91 GHz,而 LTC6946-3 则覆盖 3.84～5.79 GHz 的频率范围。此外,每款器件还具有内置输出分频器(可编程分级为 1～6),用于将频率覆盖范围扩展到低至 373 MHz。

该器件系列集成了低噪声 5.7 GHz 锁相环(PLL),包括基准分频器、具锁相指示器的相位频率检测器(Phase Frequency Detector,PFD)、超低噪声充电泵和整数反馈分频器,以实现非常低噪声的 PLL 操作。PLL 电路紧密耦合至低噪声 VCO 和内部自校准电路以确保最优的 VCO 谐振器调谐,从而获得最佳的相位噪声性能。VCO 无须外部组件。片内 SPI 兼容型双向串行端口可提供频率调谐和控制以及寄存器和环路状态信息的回读。

这个频率合成器系列的低相位噪声和低杂散能力可提高支持 LTE、W-CDMA、UMTS、CDMA、GSM 和 WiMAX 标准的多频带基站的性能。其高频能力还能支持点对点宽带无线接入、军用、航空电子以及高性能测试和测量应用。

对该器件进行相位噪声的仿真,仿真曲线见图 2.29。

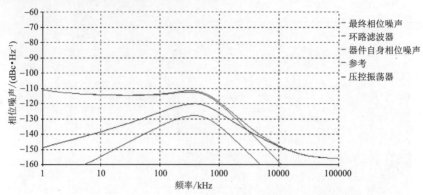

图 2.29　LTC6946 产生 3.6 GHz 的频率相位噪声仿真曲线

LTC6946 产生 3.6 GHz 的频率,再通过其自带的分频输出后得到 720 MHz 的时钟信号,分频对相位噪声的优化根据 $20 \times \lg N$ 的方式来计算,$N = 6$。

六分频后相位优化 15.5 dB,分频前 3600 MHz 的相位噪声:

$\leqslant -110.7$ dBc/Hz@1 kHz;

$\leqslant -114.2$ dBc/Hz@10 kHz。

六分频输出后 720 MHz 的采样时钟信号为:

$\leqslant -126.2$ dBc/Hz@1 kHz;

$\leqslant -129.7$ dBc/Hz@10 kHz。

分析图 2.30 可以得出采样时钟的实测相位噪声为:

$\leqslant -122.34$ dBc/Hz@1 kHz;

$\leqslant -125.98$ dBc/Hz@10 kHz。

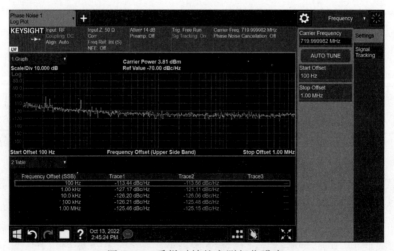

图 2.30　采样时钟的实测相位噪声

(4)频综接口定义

频综模块采用 2.54 mm 双排 10 芯弯头排针,其电源及控制定义见表 2.19、射频接口定义见表 2.20。

表 2.19　频综模块电源及控制定义表

序号	定义	序号	定义
1	+12 V	6	+6.5 V
2	+12 V	7	422_Z
3	GND	8	422_Y
4	GND	9	422_A
5	+6.5 V	10	422_B

表 2.20　频综模块射频接口定义表

序号	定义	连接器
CLK	采样时钟输出信号	SMA
LO1	第一本振输出信号	SMA
LO1	第一本振输出信号	SMA
LO2	第二本振输出信号	SMA
LO2	第二本振输出信号	SMA
LO2	第二本振输出信号	SMA
10M	10M 参考输出信号	SMA

2.3.3.3　上变频

（1）上变频功能描述

上变频接收来自信号处理器的 60 MHz 中频信号，首先进入温补衰减器，然后进入调制开关进行脉冲信号调制，然后再进入中频滤波器进行带外信号滤波，接着进入放大器，然后进入混频器。中频信号与来自频率源模块的第二本振信号混频得到1.16 GHz的一中频信号，一中频信号经过滤波器和放大器后，进行第二次混频。一中频信号与来自频率源模块的第二本振信号混频得到 9.3~9.5 GHz 的射频信号，射频信号经过放大器和数控衰减器后，进入功分器。功分器功分为 3 路信号，一路作为激励信号输出至机箱面板成为监测信号，一路作为 RF 测试信号输出至标定模块，最后一路输出至功放模块。

（2）上变频技术指标

上变频技术指标见表 2.21。

表 2.21　上变频技术指标

项目		指标要求
输入频率		60 MHz
输出频率		9.3~9.5 GHz
输出杂散		≥60 dBc
输入功率		3 dBm
输出功率	JL	10 dBm
	JLCS	0 dBm
	JLBD	7 dBm

（3）上变频信号流程

分析图 2.31 可以得出，来自信号处理器的中频信号通过信号放大、耦合检波、开关调制和滤波后进入混频器，与 1.1 GHz 本振信号混频至 1.16 GHz，通过滤波放大后进行第二次混频，与本振信号(8.24±0.1) GHz 混频至(9.4±0.1) GHz 的射频信号，经过滤波放大开关后输出激励信号和测试信号。

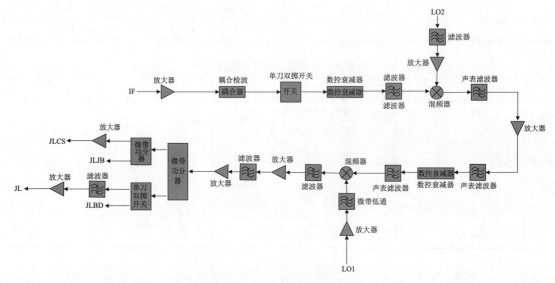

图 2.31　上变频模块原理图

具体混频分析如下。

方案第一次混频的中频信号为 60 MHz，本振信号为 1.1 GHz，输出一中频信号为 1.16 GHz。第一次混频的杂散分析见图 2.32。

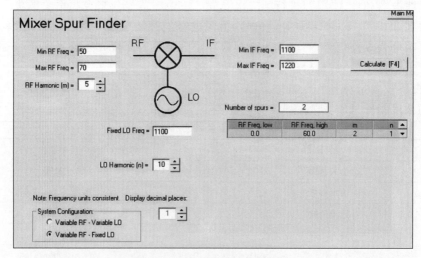

图 2.32　第一次混频杂散分析

从图 2.32 可以知道，混频输出最差的杂散点为 2×IF+1×LO1 和 LO1。第一次混频的混频器为 HMC208AMS8E，该混频器的杂散指标见表 2.22。

表 2.22　混频器 HMC208AMS8E 的杂散指标

mRF	0	1	2	3	4
0	—	−5.3	−35.2	—	—
1	−6.5	0	−25.4	−58.2	—
2	−71.1	−55.1	−71.9	−67.5	−87.2
3	—	—	−69.3	−60.0	−62.5
4	—	—	—	—	−81.3

注:表中所有值为 $-1 \times RF + 1 \times LO = F(-6.7 \text{ dBm})$ 的相对值(单位:dBc)。$LO = 10 \text{ GHz}@19 \text{ dBm}, RF = 9.9 \text{ GHz}@0 \text{ dBm}$。

从表 2.22 可以知道,该混频器在 $2 \times IF + 1 \times LO1$ 的杂散信号能够达到 55 dBc,LO2 的泄露信号为 −5.3 dBc。

方案采用了 2 个接收信道的一中频滤波器来抑制杂散。滤波器对 $2 \times IF + 1 \times LO1$ 的杂散信号抑制达到 30 dBc。滤波器对 LO2 的杂散信号抑制优于 80 dBc。

综上所述,第一次混频的杂散信号抑制可以达到 80 dBc,满足协议要求。

方案第二次混频的一中频信号为 1.16 GHz,第二本振信号为 8.14~8.34 GHz,输出射频信号为 9.3~9.5 GHz。

第二次混频的杂散分析见图 2.33。

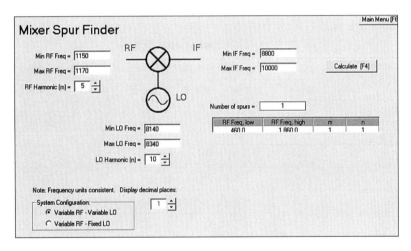

图 2.33　第二次混频杂散分析

从图 2.33 可以知道,第二次混频没有杂散落在带内,满足协议要求。

发射的射频滤波器选用的是和接收信道一样的滤波器,该滤波器对 8.14~8.34 GHz 的本振信号抑制达到了 72 dBc,满足协议要求。

以下为 2 个本振信号之间的杂波分析。

方案的第一本振信号为 8.14~8.34 GHz,第二本振信号为 1.1 GHz。

2 个本振信号之间的混频杂散分析见图 2.34。

从图 2.34 可以知道,2 个本振信号混频落在带内的杂散信号为 $2 \times LO1 - 7 \times LO2$ 和 $2 \times LO1 - 6 \times LO2$。

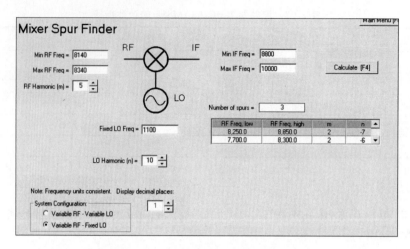

图 2.34　2 个本振信号之间的杂散分析

该杂散信号可以通过如下 2 个方式达到要求：①增加 2 个本振信号之间的隔离；②一中频增加低通滤波器抑制高次谐波。

（4）上变频关键器件指标

HMC208AMS8E 是一款输出 1 dB 压缩点大于 5 dBm 的混频器，其射频与本振隔离度大于 20 dB，射频与中频隔离度大于 10 dB，中频与本振隔离度大于 13 dB，具有优良的隔离度能保证混频后的杂散信号保持较低水平（表 2.23）。

表 2.23　HMC208AMS8E 主要指标

参数	LO＝＋13 dBm, IF＝70 MHz			LO＝＋10 dBm, IF＝70 MHz			单位
	最小值	典型值	最大值	最小值	典型值	最大值	
射频和本振频率范围	0.7～2.0			0.8～1.2			GHz
中频频率范围	DC～0.5			DC～0.5			GHz
变频损耗	—	9	10.5	—	8.5	10.5	dB
噪声系数（单边带）	—	9	10.5	—	8.5	10.5	dB
本振和射频隔离度	20	24	—	32	40	—	dB
本振和中频隔离度	13	17	—	22	30	—	dB
射频和中频隔离度	10	14	—	17	22	—	dB
三阶交调（输入）	13	17	—	12	16	—	dBm
1 dB 增益压缩点（输入）	7	10	—	5	8	—	dBm

注：本振驱动是在 25 ℃条件下测量。

中频滤波器 TA1414A 的带内插入损耗优于 3 dB，带内平坦度优于 1 dB；带外抑制优于 50 dB，满足组件对杂散抑制的要求（图 2.35）。

第二本振混频器 NC17174C-513M 是一款输出 1 dB 压缩点大于 12 dBm 的混频器，其射频与本振隔离度大于 37 dB，射频与中频隔离度大于 10 dB，中频与本振隔离度大于 35 dB，具有优良的隔离度，能保证混频后的杂散信号保持较低水平（表 2.24）。

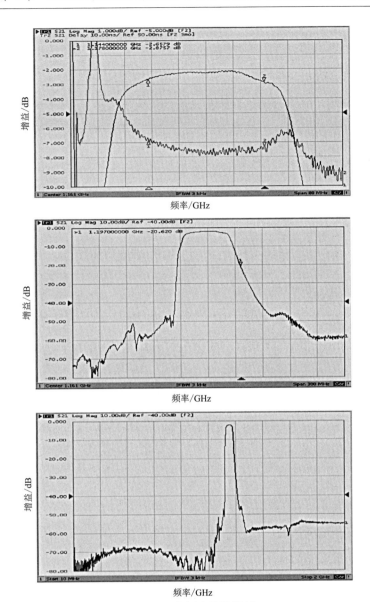

图 2.35　中频滤波器指标

表 2.24　混频器 NC17174C-513M 的指标

指标	符号	最小值	典型值	最大值	单位
射频频率	f_{RF}		5～13		GHz
不振频率	f_{LO}		5～13		GHz
中频频率	f_{IF}		DC～6		GHz
变频揽耗	L_C	7.5	8	8.5	dB
LO-RF 隔离度	ISO_{L-R}	37	40	55	dB
LO-IF 隔离度	ISO_{L-I}	35	40	46	dB
RF-IF 隔离度	ISO_{R-I}	10	15	25	dB
输入 1 dB 压缩点	P-1	12	13	13.5	dBm

注:微波电参数 $T_A = 25$ ℃,$f_{IF} = 100$ MHz,$P_{LO} = +13$ dBm,50 Ω 系统。

射频放大器的 1 dB 压缩点大于 16 dBm,小信号增益优于 20 dB,噪声系数优于 1.7 dB,端口回波损耗优于 12 dB,具有良好的端口匹配,静态电流 85 mA,较低的功耗满足组件设计要求(表 2.25)。

表 2.25　射频主要放大器指标

指标	最小值	典型值	最大值	单位
频率范围		6~18		GHz
小信号增益	20	21	21.5	dB
增益平坦度	—	±0.5	—	dB
噪声系数	—	1.5	1.7	dB
P-1 dB	16.5	17	17.5	dBm
Psat	17.5	18	18.5	dBm
输入回波损耗	13	16	—	dB
输出回波损耗	12	15	—	dB
静态电流	—	85	—	mA

注:电性能参数 $T_A = 25\ ℃$,$V_d = +5\ V$。

射频滤波器的通带范围为 9.3~9.5 GHz,带外抑制优于 70 dB,优良的带外抑制能保证输出射频信号具有较低的杂散(图 2.36)。

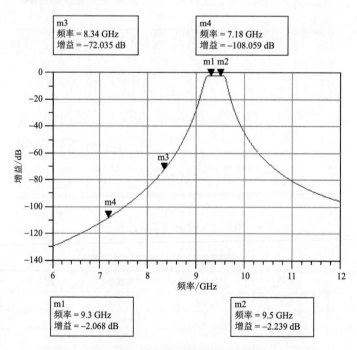

图 2.36　射频带通滤波器仿真曲线

分析图 2.37 可以得出,射频信号的输出相位噪声为:

≤−110.10 dBc/Hz@1 kHz;

≤−119.96 dBc/Hz@10 kHz。

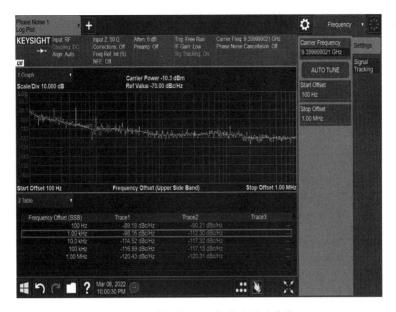

图 2.37　射频输出相位噪声测试曲线

（5）上变频接口定义

上变频模块外形图如图 2.38 所示。

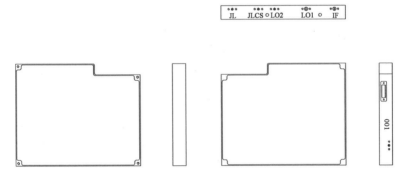

图 2.38　上变频模块外形图

上变频射频接口定义见表 2.26。

表 2.26　上变频射频接口定义表

标识	射频接口	连接器
IF	中频信号输入	SMA
LO1	第一本振信号输入	SMA
LO2	第二本振信号输入	SMA
JLCS	激励测试信号输出	SMA
JL	激励信号输出	SMA
JLBD	激励标定信号输出	SMA

上变频电源及控制定义见表 2.27。

表 2.27　上变频电源及控制定义表

序号	定义	序号	定义
1	+5.5 V	9	TTL_OUT1
2	+5.5 V	10	TTL_OUT2
3	GND	11	TTL_OUT3
4	RS485+	12	TTL_B
5	RS485−	13	TTL_A
6	DADT_OUT	14	TTL_SPST
7	LE_OUT	15	JB_IF
8	CLK1_OUT	16	JB_RF

2.3.3.4　电源控制

（1）电源控制模块概述

电源控制模块输出稳定的 6 V、12 V 电源，收发箱模块除功放供电以外，其他模块都采用电源控制模块供电。电源控制模块集成了 1 块总的控制板，能与信号处理器通信交互，控制收发箱模块的时序，控制频率、功放、波导开关等功能。电源控制模块还集成了 1 块功率监视板，能够实时监测收发箱的功率实时上报设备功率（图 2.39）。

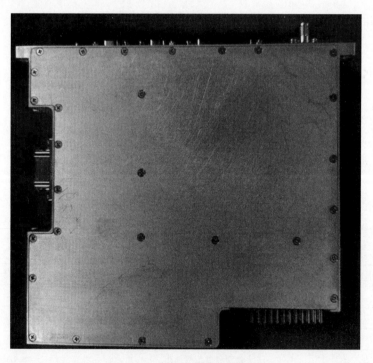

图 2.39　电源控制模块实物图

（2）电源控制模块软件流程

电源控制模块软件流程如图 2.40 所示。

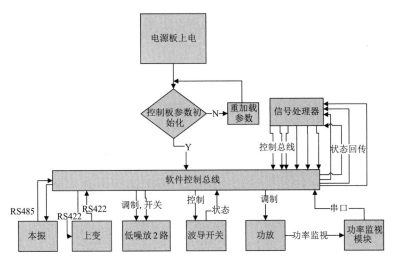

图 2.40　软件流程示意图

电源控制模块与本振模块通过 RS485 做半双工通信,电源控制模块 10 ms 定时控制和查询本振模块的状态(温度、时钟锁定、第一本振锁定、第二本振锁定)。信号处理器通过控制总线,对控制模块下发不同频点,控制模块再突发传输控制本振模块,同时通过状态回传总线,定时上报本振状态。

电源控制模块与上变频通过 RS422 做全双工控制,当信号处理器模块下发通道控制,衰减控制指令,电源控制模块进行内部转换协议,下发至上变模块。监视上变模块的回传状态,保证开关一定能够切换到有效需要的控制。上变模块同步输出激励检测信号,射频检测信号到控制模块,监测上变频输入输出射频信号是否正常。

电源控制模块控制 2 路低噪放可以做不同的时序切换,通过信号处理器总线控制,时序做同步转发。保障设备接收大信号不饱和、小信号不衰减。

电源控制模块控制波导开启切换单路 1000 W 输出或者双路 500 W 输出,同时检测波导开关控制回传信号保证控制正常。

电源控制模块输出控制信号,控制功放调制信号输出,检测输入信号控制逻辑,判断是否存在过周期和过脉宽,对功放进行保护。检测功放模块的温度,对过功放过温保护。电源控制模块集成拨码开关,能用硬件控制功放模块输出。

电源控制模块包含功率监视采集板,对功放输出耦合信号进行采样,计算出当前公功率,通过内部信号线传送至控制模块,通过回传总线进行回传功率信息。

电源控制模块采用 LTM8025 进行稳压处理,为本振模块提供低噪声的电源。其余模块再根据各自的情况采用不同的线性稳压模块进行二次稳压。电源控制模块集成了 Altera 家族的 EP4 系列现场可编程逻辑门阵列(FPGA)模块,有丰富的雷达吸波材料(RAM)和逻辑资源,模块采用 50 MHz 晶振,控制速度单位 20 ns,满足收发箱子的控制指标。电源控制模块对外采用 J30J 的控制接口,对内采用 $3 \times 12 \times 2.54$(三排弯针,每排 12 针,针间距 2.54 mm)的接口。

(3)电源控制模块接口定义

电源控制模块接口定义如图 2.41 所示。

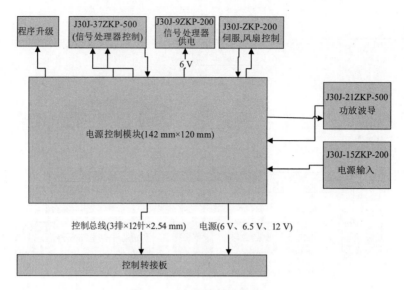

图 2.41　电源控制对外接口

J30J-37ZKP 控制输入定义见表 2.28。

表 2.28　J30J-37ZKP 控制输入定义

端子	输入/输出	定义	备注
1	输出	wvguide_switch_ha	H 通道波导开关 TTL 控制电平 A
2	输入	ANT_RXD_P	天线角码状态 uart 协议,RS422 电平
3	输入	AIR_UART_R	空调控制串口 RXD
4	输入	h_wvguide_c	发射机 V 状态输出,5V-TTL,满足标准 UART 协议,20 ms 定时回传
5	输入	RF_TX_ERR	发射机故障报警信号,高电平报警,5V-TTL 电平
6	输出	RF_ATT[6]	衰减 40 dB,"1"衰减,"0"关闭,5V-TTL 电平
7	输出	RF_ATT[4]	衰减 16 dB,"1"衰减,"0"关闭,5V-TTL 电平
8	输出	RF_ATT[2]	衰减 4 dB,"1"衰减,"0"关闭,5V-TTL 电平
9	输出	RF_ATT[0]	衰减 1 dB,"1"衰减,"0"关闭,5V-TTL 电平
10	输出	SWH_SEL[3]	RF 激励通道(RFD)打开,"1"打开,"0"关闭,5V-TTL 电平
11	输出	SWH_SEL[1]	发射机耦合通道(KD)打开,"1"打开,"0"关闭,5V-TTL 电平
12	输出	—	备用
13	输出	—	备用
14	输出	—	备用
15	输出	AIR_UART_T	空调控制串口 TXD
16	输出	ANT_TXD_P	天线控制 uart 协议,RS422 电平
17	输出	RF_GATE_P	脉冲调制信号,负脉冲调制,低电平有效,RS422 电平
18	输出	wvguide_switch_va	V 通道波导开关 TTL 控制电平 A
19	GND	地	地
20	输出	wvguide_switch_hb	H 通道波导开关 TTL 控制电平 B

端子	输入/输出	定义	备注
21	输入	ANT_RXD_N	天线角码状态 uart 协议,RS422 电平
22	输入	RF_STS	接收机状态输出,5V-TTL,满足标准 UART 协议,20 ms 定时回传
23	输入	TX_STS_H	发射机 H 状态输出,5V-TTL,满足标准 UART 协议,20 ms 定时回传
24	输入	TX_ERR_TEMP	发射机过温报警,高电平报警,5V-TTL 电平
25	输出	RF_ATT [5]	衰减 32 dB,"1"衰减,"0"关闭,5V-TTL 电平
26	输出	RF_ATT [3]	衰减 8 dB,"1"衰减,"0"关闭,5V-TTL 电平
27	输出	RF_ATT [1]	衰减 2 dB,"1"衰减,"0"关闭,5V-TTL 电平
28	输出	TX_POW_MODUL	发射机电源调制脉冲,正脉冲调制,5V-TTL 电平
29	输出	SWH_SEL[2]	RF 测试通道(CW)打开,"1"打开,"0"关闭,5V-TTL 电平
30	输出	SWH_SEL[0]	噪声源(N_F)通道打开,"1"打开,"0"关闭,5V-TTL 电平
31	输出	—	备用
32	输出	—	备用
33	输出	RADAR_FREQ_SEL	雷达频率控制 uart 协议,TTL 电平
34	GND	地	空调控制串口 GND
35	输出	ANT_TXD_N	天线控制 uart 协议,RS422 电平
36	输出	RF_GATE_N	脉冲调制信号,负脉冲调制,低电平有效,RS422 电平
37	输出	wvguide_switch_vb	V 通道波导开关 TTL 控制电平 B
其他	不接	不接	不接

频率源状态信息回传见表 2.29。

表 2.29　频率源状态信息回传

序号	数据定义	数据格式(HEX)说明
1	帧同步码	FF
2	帧同步码	FF
3	模块标识	00 频率源
4	状态字节 1	Bit7~Bit5:保留 Bit4:频率源 2 本振状态("0"故障,"1"正常) Bit3:频率源 1 本振状态("0"故障,"1"正常) Bit2:频率源输出射频激励状态("0"故障,"1"正常) Bit1:信号处理器参考时钟状态("0"故障,"1"正常) Bit0:晶振状态("0"=故障,"1"=正常)
5	频率源温度	LSB=1 ℃,−128~127 ℃
6	备用	—

射频频率控制协议见表 2.30。

表 2.30　射频频率控制协议

序号	数据定义	数据格式（HEX）说明
1	帧同步码	FF
2	帧同步码	FF
3	模块标识	02
5	备用	0
6	备用	0

J30J-9ZK 信号处理器电源见表 2.31。

表 2.31　J30J-9ZK 信号处理器电源

端子	定义	描述
1	v_wvguide_f	输入 V 通道波导开关 F 脚,若为高,则 E 和 F 导通,开关处于状态Ⅱ(J0 至 J2)
2	h_wvguide_f	输入 H 通道波导开关 F 脚,若为高,则 E 和 F 导通,开关处于状态Ⅱ(J0 至 J2)
3	+6 V	+6 V/4 A 电源
4	+6 V	—
5	+6 V	—
6	v_wvguide_c	输入 V 通道波导开关 C 脚,若为高,则 C 和 D 导通,开关处于状态Ⅰ(J0 至 J1)
7	GND	地
8	GND	地
9	GND	地
其他	不接	—

电源控制模块控制接口定义见表 2.32。

表 2.32　电源控制模块控制接口定义

序号	定义	连接器
J1	电源输入接口	J30JA-15ZKP
J2	放大器控制接口	J30JA-27ZKP
J3	空调伺服控制接口	J30J-9ZKP
J4	信处电源接口	J30J-9ZKP
J5	整机控制接口	J30J-37ZKP
JB	检波输入信号	SMA

2.3.3.5　波导开关

(1)波导开关功能描述

波导开关功分网络是为了满足双路 500 W 输出和单路 1000 W 输出的需求。

图 2.42 为单路 1000 W 输出工作框图。图 2.43 为双路 500 W 输出工作框图。

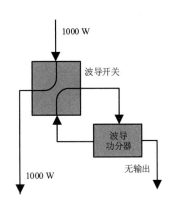

图 2.42　单路 1000 W 输出工作框图

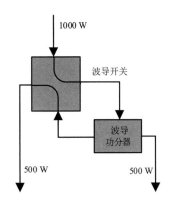

图 2.43　双路 500 W 输出工作框图

通过改变波动开关的工作状态,满足系统单路 1000 W 输出和双路 500 W 输出的需求。

(2)波导开关技术指标

XB-WSE-90-E 波导电动开关技术指标见表 2.33。

表 2.33　XB-WSE-90-E 波导电动开关技术指标

项目	指标要求
工作频率	9～10 GHz
插入损耗	≤0.2 dB
隔离度	40～50 dB
驻波系数	≤1.15
峰值功率	1500 W(占空比 20%)
平均功率	240 W
反射功率	50 W
工作温度	−40～70 ℃
接口方式	BJ100

(3)波导开关尺寸

波导开关尺寸如图 2.44 所示。

2.3.3.6　波导环形器

(1)波导环形器功能描述

环形器用在收发组件前端使用,作为接收和发射隔离器件,环形器能对收发工作模式提供良好的隔离功能,保证收发不相互干扰,同时器件采用波导形式,具有较低的插入损耗,保证了发射功率和接收噪声系数影响最小。

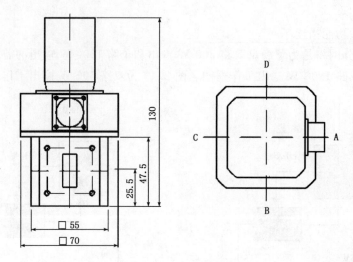

图 2.44 波导开关尺寸(单位:mm)

(2)波导环形器技术指标

TBHB100-910 型波导环形器技术指标见表 2.34。

表 2.34 TBHB100-910 型波导环形器技术指标

项目	指标要求
工作频率	9～10 GHz
插入损耗	≤0.2 dB
反向隔离	≥23 dB
驻波系数	≤1.15
峰值功率	1500 W
平均功率	240 W
工作温度	−40～70 ℃
接口方式	BJ100

(3)波导环形器尺寸

波导环形器尺寸如图 2.45 所示。

2.3.3.7 波导隔离器

(1)波导隔离器功能描述

波导隔离器在收发组件使用,在保证良好的匹配情况下能提供反向功率保护,对天线端反射回来的大信号进行良好的隔离,保护末级功率放大器。

(2)波导隔离器技术指标

TBBG100-910 型波导隔离器技术指标见表 2.35。

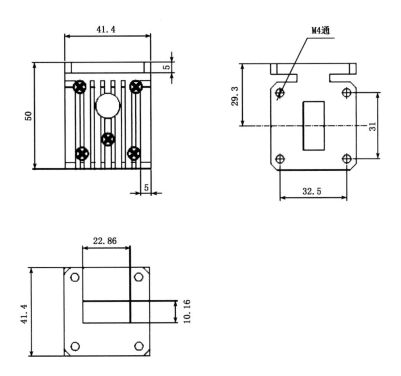

图 2.45　波导环形器尺寸(单位:mm)

表 2.35　TBBG100-910 型波导隔离器技术指标

项目	指标要求
工作频率	9～10 GHz
插入损耗	≤0.2 dB
反向隔离	≥23 dB
驻波系数	≤1.15
峰值功率	1500 W
平均功率	240 W
反射功率	50 W
工作温度	−40～70 ℃
接口方式	BJ100

(3)波导隔离器尺寸

波导隔离器尺寸如图 2.46 所示。

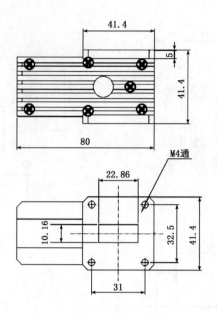

图 2.46　波导隔离器尺寸(单位:mm)

2.4　接收分系统

2.4.1　接收分系统的组成和工作原理

2.4.1.1　接收分系统的组成

接收分系统主要是由以下几个部分组成:波导环形器、限幅器、低噪声放大器(简称低噪放)、接收机、频综、电源控制单元(表 2.36)。接收分系统频综的功能、技术指标、关键器件指标等同发射分系统(见本书 2.3.3.2 节)。

表 2.36　接收分系统组成

序号	单元名称	说明
1	波导环形器、限幅器	能对接收和发射两种工作模式提供良好的隔离功能
2	低噪放	对外部输入的小信号进行低噪声放大,减小噪声对系统灵敏度的干扰,将放大后的信号送至接收机中
3	接收机	将经过低噪放后的射频信号与来自频率源模块的第一本振、第二本振信号混频,混频得到 60 MHz 中频信号,输出给信号处理分系统
4	频综模块	同时给接收通道提供本振,给信号处理机提供采样时钟
5	电源控制单元	电源单元对各单元模块的电源供电进行电压转换;控制单元和信号处理器实时通信,控制各单元模块的工作状态,并对各模块的状态进行监控

2.4.1.2　接收分系统工作原理

天馈线接收的回波功率从环形器进入限幅器,通过限幅器之后进入低噪放,回波信号在低噪放内部进行放大处理,放大之后输入接收通道下变频模块,将射频信号变为中频信号,中频信号进入信号处理器之后进行数据处理。

2.4.2　接收分系统技术指标

接收分系统技术指标见表 2.37。

表 2.37　接收分系统技术指标

项目		指标要求
寿命		全寿命周期
工作频率		9.3～9.5 GHz
噪声系数		≤3 dB
线性动态范围		≥95 dB
最小可测功率(灵敏度)		≤−107 dBm(带宽 2 MHz);≤−110 dBm(带宽 1 MHz)
温度波动范围(采用恒温接收机)		−2～2 ℃范围内(工作温度点)
镜频抑制度		≥60 dB
中频输出杂散		≤−60 dB
相位噪声	@1 kHz	≤−110 dBc/Hz
(本振)	@10 kHz	≤−115 dBc/Hz
本振中的射频信号抑制		≥60 dB

2.4.3　接收分系统各个组成部分技术特点

2.4.3.1　限幅器

(1)限幅器功能描述

限幅器的功能是防止发射端大信号发生反射后进入接收端,导致接收端器件损坏(图 2.47)。为了防止机内校准测试时机外其他信号或者噪声对系统造成干扰,限幅器内部集成了一级吸收式开关。当系统处于正常收发状态时,开关为导通状态;当处于机内标定状态时,开关处于关断状态。限幅器外形尺寸见图 2.48。

图 2.47　限幅器实物图

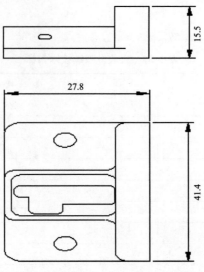

图 2.48 限幅器外形尺寸(单位:mm)

(2)限幅器技术指标

限幅器技术指标见表 2.38。

表 2.38 限幅器技术指标

项目	指标要求
插损	≤1.7 dB
开关隔离度	≥10 dB
输入输出驻波	≤1.5
限幅功率	200 W 脉冲(正常发射时不损坏)
外形尺寸标准	27.8 mm×41.4 mm×15.5 mm

(3)限幅器接口定义

限幅器共 2 个接口:输入射频接口连接波导口,输出射频接口连接低噪放模块(表 2.39)。电源及控制接口定义和功能见表 2.40。

表 2.39 射频接口定义

序号	射频接口	连接器
1	输入	波导口
2	输出	SMA

表 2.40 电源及控制接口定义

引脚号	定义	功能
1	K1	PIN1 开关控制
2	K2	PIN2 开关控制

(4)限幅器关键波形

频率范围:射频频率 9.3~9.5 GHz。

测试仪器:矢量网络分析仪。

输入输出电缆信号属性见图 2.49。

①输入:射频信号 9.3～9.5 GHz,输入功率 0 dBm;

②输出:射频信号 9.3～9.5 GHz,输出损耗≤1.7 dB。

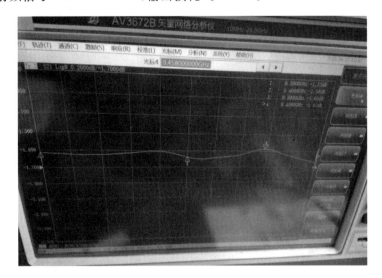

图 2.49 限幅器插损图

2.4.3.2 低噪放

(1)低噪放功能描述

低噪放对外部输入的小信号进行低噪声放大,减小噪声对系统灵敏度的干扰,并且可以将内部标定信号、噪声源信号和延迟信号耦合到接收通道(图 2.50)。

低噪放外形尺寸:61 mm×37 mm×16 mm(图 2.51)。

图 2.50 低噪放实物图

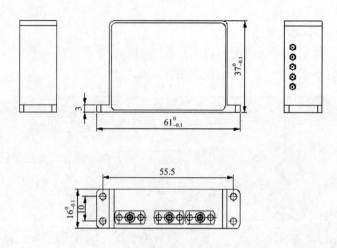

图 2.51　低噪放外形尺寸(单位:mm)

(2)低噪放技术指标

低噪放技术指标见表 2.41。

表 2.41　低噪放技术指标

项目	指标要求
增益	(30±1) dB
耦合度	(16±1) dB
延迟信号增益	(10±1) dB
噪声系数	≤2 dB
射频输入端驻波	≤1.5
射频耦合输入端驻波	≤1.5
输出端驻波	≤1.8
输出中心频率	9.4 GHz
输出 1 dB 带宽	240 MHz
带内平坦度	≤1 dB
带外抑制	F0±500 MHz@≥45 dBc

(3)低噪放关键器件

①放大器

第一级低噪放对系统的噪声系数和动态范围影响最大,因此需要噪声系数低、动态范围大、增益高的放大器。设备采用的放大器电性能参数见表 2.42。

表 2.42　放大器电性能参数

指标	最小值	典型值	最大值	单位
频率范围		8~12		GHz
小信号增益	—	21.5	—	dB
增益平坦度	—	±0.2	—	dB
噪声系数	—	—	0.9	dB

续表

指标	最小值	典型值	最大值	单位
P-1 dB	6.5	8	9	dBm
输入回波损耗	11	15	—	dB
输出回波损耗	20	25	—	dB
静态电流	—	32	—	mA

注:电性能参数 $T_A = 25\ ℃$, $V_d = +5\ V$。

低噪声放大器在＋5 V 供电时,电流 32 mA。在所需频带内的增益为 21.5 dB,噪声系数为 0.8 dB,P-1 为 7 dBm。实测曲线见图 2.52。

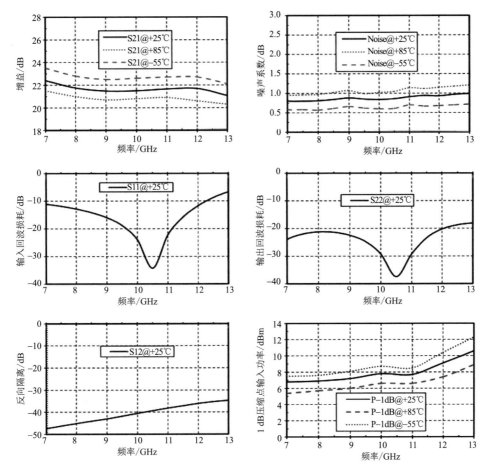

图 2.52　低噪声放大器主要指标测试曲线

②2 选 1 开关

2 选 1 开关的主要指标包含电性能、输入驻波、输出驻波、插入损耗、隔离度。开关在－5 V 供电时,静态电流 3 mA。在所需频带内的插损为 1.3 dB,隔离度为 55 dB。相关指标实测见表 2.43、图 2.53、图 2.54。

表 2.43 2选1开关电性能参数

指标	最小值	典型值	最大值
频率/GHz		DC～20	
输入驻波	—	1.2	—
输出驻波	—	1.2	—
插入损耗/dB	—	1.8	—
隔离度/dB	—	50	—
静态电流/mA	—	3	—

注：电性能参数 $T_A = 25\ ℃, V_{EE} = -5\ V$。

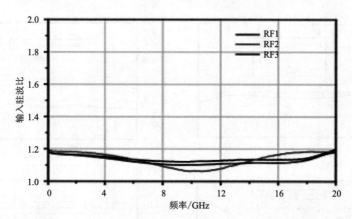

图 2.53 实测曲线

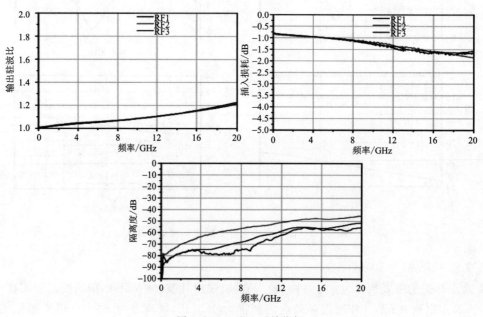

图 2.54 2选1开关指标

③滤波器

滤波器主要是对带外其他干扰信号进行抑制,同时对本振泄露进行抑制。采用陶瓷微带滤波器制作,具有尺寸小、带外抑制高、插损小、便于安装等优点。滤波器在 9.3～9.5 GHz 频带内的插损为 2 dB,带内波动在 0.1 dB 以内,对镜像频率的抑制＞108 dB,对本振频率的抑制＞72 dB。其主要指标见图 2.36。

低噪放共 3 个射频接口:射频输入口、射频耦合输入口、射频输出口(表 2.44)。低噪放电源及控制接口定义见表 2.45。

表 2.44　低噪放接口定义

序号	射频接口	连接器
1	射频输入	SMA
2	射频耦合输入	SMA
3	射频输出	SMA

表 2.45　低噪放电源及控制接口定义

引脚号	电源接口定义	接口功能
1	K1	耦合和直通开关控制
2	K2	低噪放和衰减开关控制
3	K3	3 选 1 开关控制高位
4	K4	3 选 1 开关控制低位
5	+6 V	电源
6	GND	地

关键波形:

a. 频率范围:射频频率 9.3～9.5 GHz;

b. 测试仪器:矢量网络分析仪、噪声仪。

输入输出电缆信号属性见图 2.55。

a. 输入:射频信号 9.3～9.5 GHz,输入功率(−30±1) dBm;

b. 输出:射频信号 9.3～9.5 GHz,输出功率(0±1) dBm。

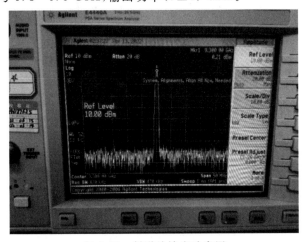

图 2.55　低噪放输出功率图

输入输出电缆信号属性见图 2.56。

　　a. 输入:射频信号 9.3~9.5 GHz;

　　b. 输出:射频信号 9.3~9.5 GHz,输出噪声系数≤2 dB。

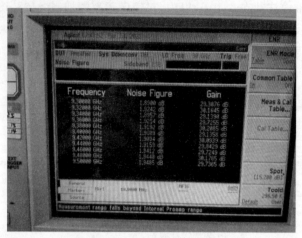

图 2.56　低噪放输出噪声系数图

2.4.3.3　接收机

（1）接收机功能描述

　　接收机将经过低噪放后的射频信号与来自频率源模块的第一本振信号混频(图 2.57),得到 1.16 GHz 的一中频信号,一中频信号经过滤波器、放大器和数控衰减器后,接收机进行第二次混频。一中频信号与来自频率源模块的第二本振信号混频得到 60 MHz 的二中频信号,二中频信号经过滤波器和放大器后,输出中频信号给数字处理模块。

图 2.57　接收模块实物图

接收模块外形尺寸:160 mm×120 mm×16 mm(图 2.58)。

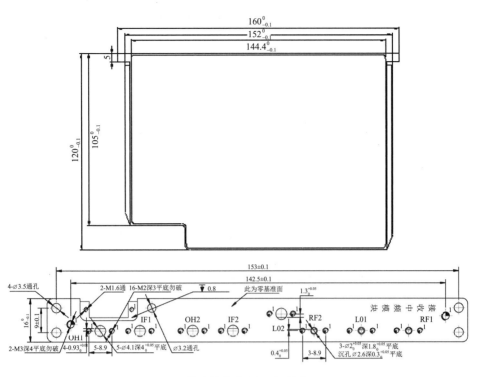

图 2.58　接收模块外形尺寸(单位:mm)

(2)接收机技术指标

接收机技术指标见表 2.46。

表 2.46　接收机技术指标

项目	指标要求
通道 1 和通道 2 增益	(8±1) dB
通道 1 和通道 2 增益一致性	≤0.2 dB
通道 1 和通道 2 输出 P-1	≥+18 dBm
输出中心频率	60 MHz
输出 1 dB 带宽	30 MHz
带内平坦度	≤1 dB
带外抑制	30 MHz、90 MHz≥40 dBc 0.1 MHz、120 MHz≥60 dBc 100 MHz≥60 dBc

(3)接收机关键器件

①第一混频器

第一混频器将 9.3～9.5 GHz 射频信号与本振信号 8.14～8.34 GHz 射频信号混频至 1.16 GHz 中频信号。混频器的本振驱动功率为+13 dBm,在所需频带内的变频损耗-7.5 dB。输入 P-1 为+9 dBm。其主要性能参数见表 2.47、主要指标见图 2.59。

表 2.47   第一混频器电性能参数

指标	最小值	典型值	最大值	单位
射频频率范围		6～14		GHz
本频频率范围		6～14		GHz
中频频率		DC～5		GHz
变频损耗	7	7.5	9	dB
LO-RF 隔离度	—	37	—	dB
LO-IF 隔离度	—	28	—	dB
RF-IF 隔离度	—	21	—	dB
射频输入 P-1 dB	—	9	—	dBm

注:以上参数均为下变频模式测试,中频频率 0.1 GHz,本振功率+13 dBm。电性能参数 T_A=25 ℃,IF=100 MHz,LO=+13 dBm。

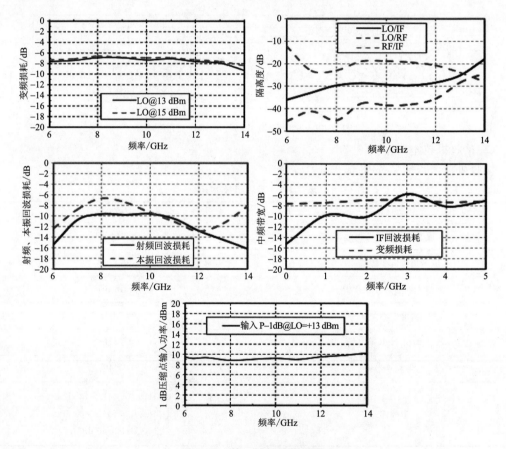

图 2.59   第一混频器指标图

②第一本振放大器

第一本振放大器将本振信号进行放大,推动混频器能够进行信号的混频。放大器在+5 V 供电时,电流 40 mA。在所需频带内的增益为 17 dB,噪声系数为 1.3 dB,P-1 为 19 dBm。具体指标见表 2.48、图 2.60。

表 2.48　第一本振放大器电性能参数

指标	最小值	典型值	最大值	单位
频率范围		1～12		GHz
小信号增益	16.5	17	18	dB
增益平坦度	—	±0.75	—	dB
噪声系数	—	1.3	1.7	dB
P-1 dB	18.5	19	19.5	dBm
Psat	19.5	20	21	dBm
输入回波损耗	11	13	—	dB
输出回波损耗	13	15	—	dB
静态电流		40		mA

注：电性能参数 $T_A = 25\ ℃, V_d = +5\ V$。

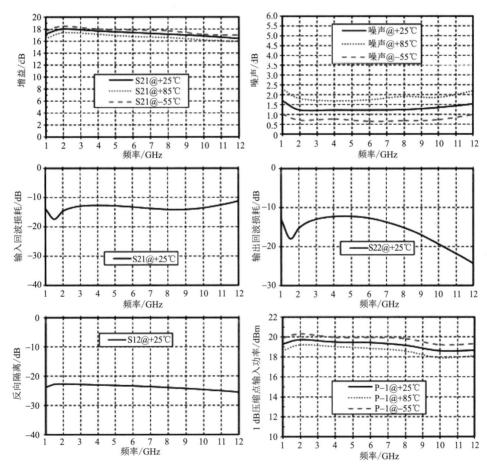

图 2.60　第一本振放大器指标图

③第一中频放大器

第一中频放大器具有噪声系数低、动态范围大等优点，放大器在＋5 V 供电时，电流 115 mA。

在所需频带内的增益为 20 dB,噪声系数为 0.6 dB,P－1 为 23 dBm。其具体指标见表 2.49、图 2.61。

表 2.49　第一中频放大器电性能参数

参数	条件	最小值	典型值	最大值	单位
工作频率范围	—	50	—	6000	MHz
测试频率	—	—	1900	—	MHz
增益	—	15	16.5	18	dB
输入回波损耗	—	—	13	—	dB
输出回波损耗	—	—	10	—	dB
输出 1 dB 压缩点功率	—	—	+20	+23	dBm
输出三阶交调信号功率	输出功率＝4 dBm/tone	—	+32.5	+37	dBm
噪音系数	—	—	0.65	1.0	dB
开关速度	开启时间(10%～90%)	—	165	—	ns
	关闭时间(10%～90%)	—	255	—	ns
电源关断控制	打开	0	—	0.8	V
	关闭	3	—	5	V
电流	打开	—	115	150	mA
	关闭	—	3	—	mA
关闭引脚电流	$V_{PD} \geqslant 3$ V	—	100	—	μA
热阻	端口到腔体	—	—	50	℃/W

注:除非另有说明,测试条件为 $V_{DD}＝+5$ V,$T_A＝25$ ℃,50 Ω 系统。

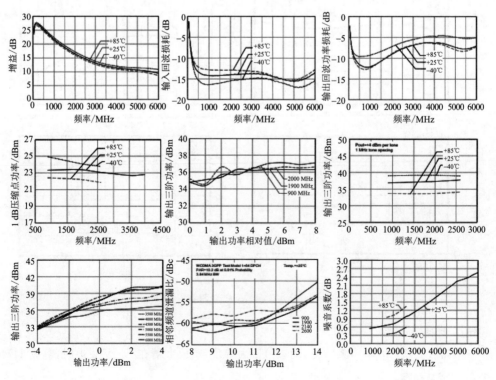

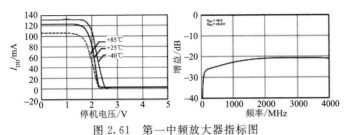

图 2.61　第一中频放大器指标图

（除非另有说明，测试条件为 $I_{DD} = 115$ mA（典型值）；$T_A = 25$ ℃）

④第一中频滤波器

第一中频滤波器在所需的频带内最大插损为 2.8 dB，带内波动为 0.6 dB，对第二镜像频率的抑制＞70 dB。具体指标见图 2.62。

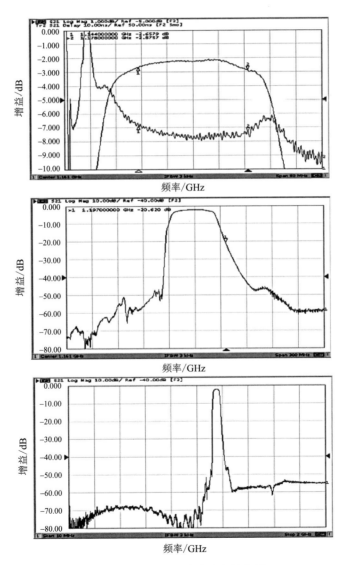

图 2.62　第一中频滤波器电性能图

⑤第二混频器

第二混频器将 1.16 GHz 信号与本振信号 1.1 GHz 变频至 60 MHz。混频器是有源混频器,在+5V 供电时,电流 80 mA,本振驱动功率-3~3 dBm,所需频带内的变频损耗为 7.5 dB,输入 P-1 为 26 dBm,具有动态范围很大的优点,具体指标见表 2.50。

表 2.50 第二混频器电性能参数

参考电源	$I_{CC}=105$ mA			$I_{CC}=80$ mA	$I_{CC}=60$ mA	$I_{CC}=120$ mA			单位
参数	最小值	典型值	最大值	典型值	典型值	最小值	典型值	最大值	
射频频率范围	0.7~1.1					14~1.5			GHz
本振频率范围	0.85~1.25					1.1~1.5			GHz
本振输入典型值	上边带					下边带			—
中频频率范围	DC~500					50~250			MHz
变频损耗	—	7.5	9.5	7.5	7.5	—	8	10	dB
噪音系数	—	7.5	—	7.5	7.5	—	8	—	dB
本振和射频隔离度	18	24		26	28	20	36		dB
本振和中频隔离度	30	41	—	41	42	28	39		dB
射频和中频隔离度	27	36		36	35	27	38		dB
三阶交调(输入)		34		32.5	31.5		32		dBm
压缩点功率(输入)	—	25	—	24.5	23.5	—	25		dBm
本振驱动功率电平(典型)	-3~3			-3~3	-3~3	-3~3			dBm
极电压	3.5			3.5	3.5	2.5			V
总供电电流	—	105	125	80	60	—	120	140	mA

注:电性能:$T_A=25$ ℃,LO=0 dBm,Vcc1,2,3,=+5 V。

⑥第二中频放大器

第二中频放大器在+5 V 供电时,电流 63 mA,在所需频带内的增益为 16 dB,噪声系数为 1.7 dB,输出 P-1 为 20.9 dBm。其具体指标见表 2.51。

表 2.51 第二中频放大器电性能参数

参数	条件	最小值	典型值	最大值	单位
频率范围	—	0.04	—	2.6	GHz
增益	0.04	13.8	16.4	16.8	dB
	0.5		15.2		
	0.9		15.1		
	2.0		15.2		
	2.6		15.9		
增益平坦度	0.1~2.0	—	-0.25~0.25	—	dB
噪声系数	0.04	—	1.7	2.7	dB
	0.5		2.0		
	0.9		1.9		
	2.0		1.9		
	2.6		2.1		

参数	条件	最小值	典型值	最大值	单位
输入回波损耗	0.04	—	11.6	—	dB
	0.5		20.4		
	0.9		18.4		
	2.0		18.9		
	2.6		9.3		
输出回波损耗	0.04	—	12.9	—	dB
	0.5		23.3		
	0.9		20.1		
	2.0		14.7		
	2.5		9.1		
反向隔离	2.0	—	22.2		dB
输出 1 dB 压缩点功率	0.04	—	20.9		dBm
	0.5		20.7		
	0.9		20.5		
	2.0		19.3		
	2.6		19.3		
输出三阶交调	0.04	—	36.1	—	dBm
	0.5		39.3		
	0.9		39.3		
	2.0		34.7		
	2.6		32.4		
驱动电压	—	4.8	5.0	5.2	V
工作电流	—	—	63	77	mA
驱动电流变化与温度	—	—	67	—	μA/℃
电流与电压的变化	—	—	0.0154	—	mA/mV
热阻,接地导线	—	—	102	—	℃/w

注:除非另有说明,电性能参数 $T_A = 25$ ℃,50 Ω,$V_d = 5$ V。

⑦第二中频滤波器

第二中频滤波器在所需频带内的插损≤1 dB,带内波动≤1 dB,带外抑制 30 MHz、90 MHz≥40 dBc,0.1 MHz、120 MHz≥60 dBc,100 MHz≥50 dBc,能够很好地抑制带外谐杂波信号。滤波器具体指标见表 2.52。

表 2.52　第二中频滤波器指标

项目	指标要求
通带频率	45~75 MHz
中心插损	≤1 dB
带内波动	≤1 dB
驻波比	≤1.5
带外抑制	30 MHz、90 MHz≥40 dBc,0.1 MHz、120 MHz≥60 dBc,100 MHz≥50 dBc
工作温度	−40~70 ℃

项目	指标要求
存储温度	−55～85 ℃
输入输出	50 Ω 微带线
表面处理	镀金

（4）接收机接口定义

接收机共有 8 个接口。分别是射频输入 1、2；第一本振、第二本振；中频输出 1、2；中频耦合输出 1、2（表 2.53、表 2.54）。

表 2.53　接收模块接口定义

序号	射频接口	连接器
1	射频输入 1	SMA
2	第一本振	SMA
3	射频输入 2	SMA
4	第二本振	SMA
5	中频输出 1	SMA
6	中频耦合输出 1	SMA
7	中频输出 2	SMA
8	中频耦合输出 2	SMA

表 2.54　接收模块电源及控制接口定义

引脚号	电源接口定义	接口功能
1	K1	通道 1 数控衰减器 0.25 dB 衰减位
2	K11	通道 1 数控衰减器 0.5 dB 衰减位
3	SC	温度传感器回传
4	+6 V	电源
5	GND	地
6	K2	通道 2 数控衰减器 0.25 dB 衰减位
7	K22	通道 2 数控衰减器 0.5 dB 衰减位
8	DA	温度传感器数据
9	+12 V	电源
10	GND	地

（5）接收机关键波形

频率范围：射频频率 9.3～9.5 GHz。

测试仪器：信号源、频谱仪。

输入输出电缆信号属性见图 2.63。

①输入：射频信号 9.3～9.5 GHz，输入功率（0±1）dBm；

②输出：射频信号 9.3～9.5 GHz，输出功率（8±1）dBm。

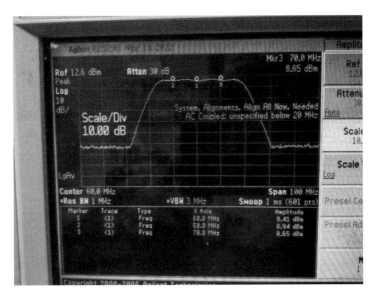

图 2.63　接收机输出波形图

2.5　标定分系统

2.5.1　标定分系统的功能和用途

标定分系统是将耦合的发射信号作为系统自检调试信号，方便设备调试和自检。标定信号主要分为延迟信号、测试信号和噪声源信号。标定信号通过耦合或者开关的方式进入接收通道，可以测试接收通道的动态范围、噪声系数和系统稳定性。

2.5.2　标定分系统各个组成部分技术特点

2.5.2.1　标定模块

（1）标定模块技术指标

标定模块技术指标见表 2.55。

表 2.55　标定模块技术指标

项目		指标要求
频率范围		9.3~9.5 GHz
衰减控制范围		0~110 dB
衰减步进		1 dB
衰减精度		≤0.5 dB（输出功率≥−40 dBm 时）
开关隔离度		≥80 dB
噪声源超噪比		50~55 dB
延迟时间		10 μs，输出信号功率＞−22 dBm（中频输出＞−10 dBm）
控制响应时间		≤1 ms
输出测试信号功率范围	选通 RF 测试通道	（−105~5）dBm
	选通发射耦合通道时	（−105~5）dBm

(2)标定模块信号流程

标定信号主要分为延迟信号、测试信号和噪声源信号，流程见图2.64。

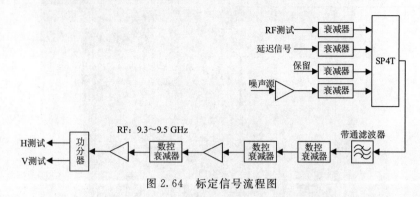

图 2.64　标定信号流程图

延迟信号：延时模块需要将发射机的耦合信号延迟10 μs后接入接收通道，由接收通道测试系统的稳定性。因市面上的 X 波段延迟器件延迟量级只能到纳秒(ns)级别，用射频线缆为射频信号提供延迟，需要的射频线缆长度为千米(km)量级，损耗太大，因此均不合适。设备上采用将 X 波段信号下变频到 1.16 GHz 中频信号，对中频信号进行 10 μs 延迟后再上变频到 X 波段射频信号的方式来实现信号的延迟。

测试信号：测试信号主要用来标定接收通道的动态范围，主要由上变频链路上的 2 个 6 位 31.5 dB 的数控衰减器和标定模块内部的 4 个数控衰减器来实现信号的衰减。通过控制衰减器的状态，测试信号具有很大的动态衰减范围，耦合输入接收通道，可以测试接收通道的灵敏度和动态范围。

噪声源：机内噪声源主要是用来标定接收通道的噪声系数。机内噪声源具有较高的超噪比，再通过链路上的增益，实现较高的热噪；通过关断噪声源和衰减链路增益，获取冷噪。通过信号处理器采集热噪和冷噪功率，来判断接收通道的噪声系数。

(3)标定模块关键器件指标

标定模块的方案选用了 3 个 1 位 32 dB 衰减器和 2 个 6 位 31.5 dB 的衰减器，这几个衰减器配合实现 110 dB 动态衰减。

1 位 32 dB 衰减器开关速度小于 20 ns，衰减值为 32 dB。该衰减器的性能指标如图 2.65 所示。

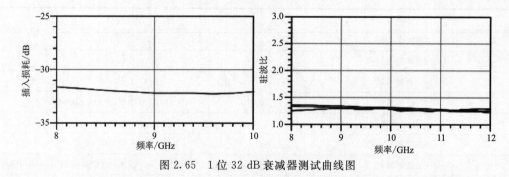

图 2.65　1 位 32 dB 衰减器测试曲线图

产品简介：NC1351C-812 是一种 GaAs MMIC 1 位数控衰减芯片，频率范围覆盖 8～12 GHz，插入损耗小于 1.2 dB，输入输出驻波小于 1.6。采用−5V/0V 逻辑控制，开关速度小于 20 ns

(表 2.56)。

表 2.56　1 位 32 dB 衰减器指标参数

指标	最小值	典型值	最大值	单位
频率范围		8～12		GHz
插入损耗	—	1	1.2	dB
衰减量	30.5	32	33.5	dB
输入驻波	—	1.5	1.6	—
输出驻波	—	1.5	1.6	—

注:电性能参数 $T_A = 25$ ℃,$V_C = -5$ V/0 V。

6 位控制衰减开关速度小于 50 ns,衰减范围 0～31.5 dB,步进 0.5 dB。该衰减器的性能指标见图 2.66。

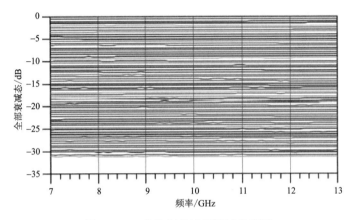

图 2.66　6 位控制衰减器测试曲线图

产品简介:NC13113C-812PD 是一种集成并行驱动的 GaAs MMIC 6 位衰减芯片,频率范围覆盖 8～12 GHz,插入损耗小于 5.5 dB。该芯片采用 TTL 电平控制,开关速度小于 50 ns (表 2.57)。

表 2.57　6 位控制衰减器指标参数

指标		最小值	典型值	最大值	单位
频率范围			8～12		GHz
插入损耗		—	4.6	5.5	dB
衰减精度	0.5 dB 位	0.3	0.5	0.7	dB
	1 dB 位	0.8	1.1	1.3	dB
	2 dB 位	1.7	2.1	2.3	dB
	4 dB 位	3.7	4.0	4.3	dB
	8 dB 位	7.5	8.0	8.5	dB
	16 dB 位	15.5	15.8	16.5	dB
衰减精度方差		—	0.3	0.6	dB
输入输出驻波		—	1.35	1.6	—
工作电流		—	5	7	mA

注:电性能参数 $T_A = 25$ ℃,$V_C = 0$ V/+5 V。

（4）标定开关单元

标定开关标定的开关部分的工作原理见图 2.67。

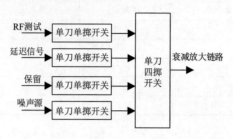

图 2.67　标定单元开关工作原理

标定开关单元选用的 SPST 开关为 13 所 NC16114C-118，SP4T 开关为 13 所的 BW121。通过对不同开关的切换选择不同的输入信号进行标定。

产品简介：NC16114C-118 是一款两端口匹配式单刀单掷开关芯片，采用 GaAs E/D PHEMT 工艺制作。芯片通过背面通孔接地。工作频率覆盖 0.1～18 GHz，插入损耗小于 2 dB，切换速度 100 ns，采用－5V/0V 逻辑控制（表 2.58）。

表 2.58　开关 NC16114C-118 指标参数

指标	符号	最小值	典型值	最大值	单位
频率范围	f		0.1～18		GHz
插入损耗	IL	—	1.5	2	dB
隔离度	ISO	40	45	—	dB
关态输入/输出驻波	VSWRoff	—	1.4	1.7	—
开态输入/输出驻波	VSWRon	—	1.2	1.5	—

注：微波电参数 $T_A=25$ ℃，$V_C=-5$ V/0 V。

从图 2.68 的曲线可以知道，NC16114C-118 器件的开关速度为 100 ns，隔离度为 55 dB。

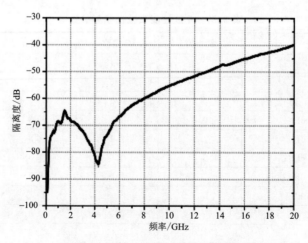

图 2.68　开关 NC16114C-118 电性能图

从图 2.69 的曲线可以知道,BW121 器件的开关速度为 70 ns,隔离度为 45 dB(表 2.59)。

表 2.59　开关 BW121 的性能表

参数名称	测试频率	最小值	典型值	最大值	单位
插入损耗	DC~12 GHz 12~20 GHz	—	1.7 2.3	2.0 2.8	dB
隔离度	DC~20 GHz	35	40	—	dB
回波损耗 RFC(ON)	DC~20 GHz	15	18	—	dB
回波损耗 RF1,RF2(ON)	DC~20 GHz	10	15	—	dB
输入 P	1.05~20 GHz	18	20	—	dBm
输入 IP3	DC~20 GHz	34	38	—	dBm
开关时间	DC~20 GHz	—	70	—	ns
工作电流	—	—	9	12	mA

注:电性能参数 $T_A = 25\ ℃$,$V_d = +5\ V$ TTL 控制,50 Ω 系统。

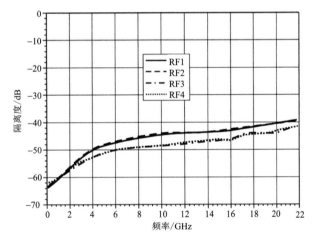

图 2.69　开关 BW121 的性能图

综上所述,开关网络的隔离度可以达到 100 dB,开关速度可以达到 100 ns,考虑延时影响,实际开关速度为 150 ns,都是可以满足协议要求。

(5)标定模块输出功率

根据对发射信道的计算,标定模块的发射耦合端口功率为 17 dBm,RF 测试端口的功率为 5 dBm。根据信道链路仿真,延迟链路的增益为 −12 dB,RF 测试链路的增益为 0 dB。那么延迟链路的最大输出功率为 5 dBm,RF 测试链路的最大输出功率为 5 dBm。

由于标定模块有 110 dB 的衰减器,所以标定模块的输出功率为 −105~5 dBm,满足协议要求。

(6)噪声源性能指标

噪声源性能指标见表 2.60。

表 2.60　噪声源性能表

主要参数	指标要求
工作频率	9～10 GHz
超噪比（ENR）	＞25 dB
驻波比（VSWR）	＜1.4∶1
工作电压/电流	12 V/50 mA
工作温度范围	－40～70 ℃
输出/温度噪声变化	＜0.02 dB/℃
平坦度	±2.00 dB/℃
定制型号	ETE-NS-0910

从表 2.60 可以知道,该噪声源输出的信噪比为 25 dB,从噪声源输出至接收信道链路的增益为 25 dB,则输出至接收信道的超噪比为 50 dB。

(7)标定模块接口定义

模块采用 2.54 mm 双排 10 芯弯头排针,其电源及控制定义见表 2.61、射频接口定义见表 2.62。

表 2.61　标定模块电源及控制定义表

序号	定义	序号	定义
1	+6 V	6	GND
2	+6 V	7	SDA-RX-H
3	GND	8	GND
4	GND	9	GND
5	SCLK-RX-H	10	ENR-A

表 2.62　标定模块射频接口定义表

标识	射频接口	连接器	标识	射频接口	连接器
IF	中频信号输入	SMA	YCXH	延迟信号	SMA
LO1	第一本振信号输入	SMA	JLJC	激励监测	SMA
LO2	第二本振信号输入	SMA	BDXH	标定信号	SMA
JLCS	激励测试信号输出	SMA			
JL	激励信号输出	SMA			

2.5.2.2　延迟线

(1)延迟线功能描述

延时模块将发射机耦合信号功分两路,一路连接机箱面板测试,一路进入混频链路第一本振信号下变频到一中频信号 1.16 GHz,一中频信号通过具有 10 μs 延迟时间的滤波器后将接收的发射机耦合信号延迟处理,延迟后的信号再通过与第一本振信号上变频到射频信号后进入标定选频开关处理(图 2.70)。

(2)延迟线技术指标

延迟线技术指标见表 2.63。

图 2.70　延时模块实物图

表 2.63　延迟线技术指标

项目		指标要求
频率范围		9.3~9.5 GHz
延迟时间		10 μs,输出信号功率>−22 dBm(中频输出>−10 dBm)
端口输出功率	YC_OUT	−25 dBm
	LO2	0 dBm
	OH_IN	15 dBm
	OH_OUT	12 dBm

（3）延迟线信号流程

延时模块的主要功能是将发射机的耦合信号延迟 10 μs,其原理如图 2.71 所示。

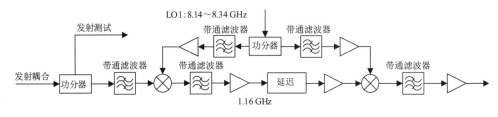

图 2.71　延时模块原理

延时模块的输入信号来自发射机的射频耦合信号,发射耦合信号进入模块后功分两路,一路输出至面板进行发射耦合信号测试,一路与第一本振信号进行混频,产生的一中频信号进入延迟线中,通过延迟线延迟 10 μs 后的信号再与第一本振信号进行上混频至射频信号,此时的信号已延迟 10 μs。

(4)延迟线关键器件指标

标定的延迟时间主要是通过声面波延时模块来完成的,延时模块的延迟时间为(10±0.02) μs。该延时模块的性能见表 2.64。

表 2.64　延迟线性能指标

项目	指标要求
频率范围	1.135～1.185 GHz
延迟时间	(10±0.02) μs
插入损耗	≤30 dB
直通抑制	≥40 dB
3 次渡越抑制	≥30 dB
器件温度系数	80 ppm(设计值)
驻波	≤2.5
接口方式	SMA
封装	UPP6023

(5)延迟线接口定义

延时模块采用 2.54 mm 双排 10 芯弯头排针,其定义见表 2.65、表 2.66。

表 2.65　延时模块电源及控制接口定义

序号	定义	序号	定义
1	+6 V	6	GND
2	+6 V	7	SDA-RX-H
3	GND	8	GND
4	GND	9	GND
5	SCLK-RX-H	10	ENR-A

表 2.66　延时模块射频接口定义

标识	定义	连接器
JB	检波电压输出	SMA
YC_OUT	延迟信号输出	SMA
LO2	第二本振信号输入	SMA
OH_IN	耦合信号输入	SMA
OH_OUT	耦合信号输出	SMA

2.6　信号处理分系统

2.6.1　信号处理器功能和组成

数字中频信号处理器动态范围高达 120 dB 以上,采用国际先进的 A/D 和 FPGA 芯片,保证运算和数据处理速度。宽脉冲压缩处理模式保证远距离小信号探测能力,在 5：4 的高重频脉冲对工作模式同时保证最大不模糊速度达 48 m·s^{-1}。

标准信号处理器包括数字中频接收机和基于高性能服务器的信号处理终端软件,数字中频接收机具有高速高精度采样、高性能数字下变频、超高速通信接口、灵活的数字 I/O 等特点,信号处理终端软件具有处理数据量大、算法复杂、方法多样等特点(图 2.72)。

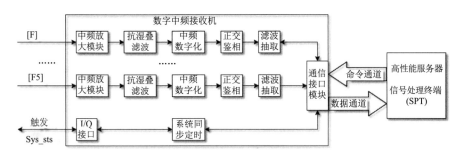

图 2.72　标准信号处理器组成框图

数字中频接收机主要完成模拟中频信号到数字基带信号的处理,包括中频放大、抗混叠滤波、中频数字化、正交鉴相、匹配滤波、抽取、系统同步定时及数据打包通信等功能。

信号处理终端软件主要对雷达接收的气象信号进行快速、高精度的处理,获取尽可能多的天气信息。多普勒处理采用多种模式处理方式,连续低仰角警戒模式(CS)、连续低仰角距离模糊的多普勒模式(LCD)、连续高仰角距离不模糊的多普勒模式(HCD)、中仰角批处理模式(B)、脉冲重复频率(Pulse Repetition Frequency,PRF)速度褪速度模式(DPRF)等处理模式,信号处理终端具备如下功能。

①从数字中频接收机采集 I/Q 数据,并经过一系列处理后得到 R、V、W;

②提供 I/Q 数据存储功能,方便分析历史数据;

③绘制 I/Q 波形、频谱、功率波形,用户可方便地查看实时或者历史数据。

数字中频接收机采用高集成度的设计,板载 6 通道高速高精度 ADC、1 路时钟合成器、1 路高性能 DDS、1 片用于定时控制的 FPGA、1 片用于信号处理的高性能 FPGA、53 对 RS422 发送信号、13 对 RS422 接收信号、2 对串口和 1 路千兆以太网,数字中频接收机性能指标见表 2.67。

表 2.67　数字中频接收机性能指标

项目	指标要求
中频信号通道数	不少于 6 个大动态处理通道
最大不饱和电平	+14 dBm@50 Ω(无动态范围扩展)
	+27 dBm@50 Ω(动态范围扩展)

项目	指标要求
中频频率范围	0.15～400 MHz（取决于 AD 前端变压器）
动态范围	97 dB@B＝1 MHz（无动态范围扩展）
	124 dB@B＝1 MHz（动态范围扩展）
A/D 转换精度	16 bit
最大采样率	100 MHz
运算能力	每秒 2016 亿次乘加运算（840 个硬件乘加器，工作频率 240 MHz）
相位稳定度	优于 0.05°（信号处理器）
强度精度	≤0.1 dB
频率精度	≤1 Hz
相位精度	≤0.3°
速度精度	≤0.1 m·s⁻¹
谱宽精度	≤0.1 m·s⁻¹
差分反射率精度	≤0.1 dB
差分相位精度	≤0.3 dB

数字中频接收机采用 1 片用于信号处理的高性能 FPGA 和一片用于定时控制 FPGA 芯片作为信号处理器核心。使用 DDS 输出中频信号，产生模拟中频激励信号。

6 路（可扩展为 3 路大动态处理通道）16 位高速 ADC 对中频信号进行采样，并量化为数字信号送入 FPGA。FPGA 内部完成中频带基带的处理（数字混频、滤波、脉冲压缩后抽取等处理得到 I/Q 信号），处理完成后将 I/Q 信号经光纤通信方式传输至信号处理计算机，信号处理计算机根据用户设置参数进行产品计算，硬件信号处理器与计算机采用千兆 UDP 通信的方式。

高速高精度 ADC 电路采用 16 位单芯片模数转换器，内置跟踪保持电路，专门针对高性能、小尺寸和易用性进行了优化。采样速率高达 100 MSPS，具有出众的信噪比（SNR），适合雷达接收机的应用。

高性能 DDS 采用一款内置 14 bit DAC 的直接数字频率合成器，支持高达 1 GSPS 的采样速率。采用高级 DDS 专利技术，在不牺牲性能的前提下可极大降低功耗。

DDS/DAC 组合构成数字可编程的高频模拟输出频率合成器，能够在高达 400 MHz 的频率下生成频率捷变正弦波形。用户可以访问 3 个用于控制 DDS 的信号控制参数，包括频率、相位与幅度。利用 32 bit 累加器提供快速跳频和频率调谐分辨率。在 1 GSPS 采样速率下，调谐分辨率为 0.23 Hz。

这款 DDS 还实现了快速相位与幅度切换功能。用户可通过串行 I/O 端口对 AD 芯片的内部控制寄存器进行编程，以实现对芯片的控制。芯片集成了静态存储器（RAM），可支持频率、相位与幅度调制的多种组合。芯片还支持用户定义的数控数字斜波工作模式。在这个模式下，频率、相位或幅度随时间呈线性变化。

内置的高速并行数据输入端口能实现频率、相位、幅度或极点的直接调制，以支持更高级的调制功能。在本系统中，AD 芯片主要完成输出测试信号或系统中的中频线性调频信号，固定为 RAM 工作模式，具体的不同的 RAM 设置可实现线性调频、非线性调频、脉冲调制信号以及连续单频信号。

分别采用 ALTERA 和 XILINX 芯片完成定时控制和信号处理,内置的知识产权核(Intellectual Property core,IP)核和数字信号处理块(Digital Signal Processing,DSP)非常适合实时下变频处理,保证了数字下变频和脉冲压缩处理的高精度和实时性。

对外控制和状态接口采用 RS422,具有 53 对 RS422 电平发送、13 对 RS422 电平接收,RS422 驱动器和接收器分别采用 TI 公司的 AM26C31 和 AM26C32。

2.6.2　信号处理器技术指标

信号处理器技术指标见表 2.68。

表 2.68　信号处理器技术指标

项目	指标要求
脉冲压缩主副瓣比	≥40 dB(脉压比≥100)
距离库长度	≤75 m
距离库数	≥4000 个
处理方式	FFT、PPP 等算法
相关系数处理方式	一阶相关或多阶相关
处理对数	16、32、64、128、256 等可选
地物杂波抑制比	≥50 dB
距离退模糊方法	相位编码或其他等效方法
速度退模糊方法	双 PRF 或其他等效方法
故障检测和保护	I/Q 数据、数据丢包、参数输出等故障

2.6.3　信号处理算法

由基本雷达方程可知,雷达探测距离与雷达平均发射功率之间关系为:

$$R_{\max} \propto (E_t)^{1/4} \quad E_t = P_t \cdot \tau \tag{2.7}$$

式中,$R_{\max}$ 为雷达最大探测距离;E_t 为雷达平均发射功率;P_t 为雷达发射功率;τ 为时间。

雷达的距离分辨率与带宽 B 关系为:

$$\Delta R = \frac{C}{2B} \tag{2.8}$$

式中,ΔR 为雷达距离分辨率;B 为带宽;C 为雷达常数。

对于早期雷达,距离分辨率与脉冲宽度之间的关系满足下式:

$$B = \frac{1}{\tau} \quad \Delta R = \frac{C}{2}\tau \tag{2.9}$$

式中,ΔR 为雷达距离分辨率;B 为带宽;C 为雷达常数;τ 为脉冲宽度。

由上可知,可通过提高雷达的发射功率 P_t 和增大脉冲宽度(τ)方式提高雷达的作用距离,但提高雷达的发射功率(P_t)受发射器件功率容限限制,增大脉冲宽度(τ)则会导致距离分辨率降低。

因此引入脉冲压缩技术解决:在保持脉冲宽度(τ)一定时,在宽脉冲内采用附加的频率或相位调制以增加信号带宽 B,提高距离分辨率。信号调制形式可以采用线性调频信号(LFM)、非线性调频信号(NLFM)或相位编码信号(PSK),信号处理方式为脉冲压缩。目前远望全固态 X 波段双偏振天气雷达采用线性调频信号加脉冲压缩的方式实现脉冲压缩技术。线性调频信号产生简单,易于实现且匹配滤波器对回波信号的多普勒频移不敏感。

线性调频矩形脉冲信号的数学表达式为：

$$s(t)=\mathrm{rect}\left(\frac{t}{T}\right)e^{j2\pi\left(f_c t+\frac{k}{2}t^2\right)} \tag{2.10}$$

式中，f_c 为载波频率，$\mathrm{rect}\left(\frac{t}{T}\right)$ 为矩形信号。

$$\mathrm{rect}\left(\frac{t}{T}\right)=\begin{cases}1,\ \left|\dfrac{t}{T}\right|\leqslant1\\0,\ \text{其他}\end{cases} \tag{2.11}$$

$K=B/T$ 为频率变化率，B 为频率变化范围，即信号的带宽。于是，信号的瞬时频率为 $f_c+Kt(-T/2\leqslant t\leqslant T/2)$，如图 2.73 所示。

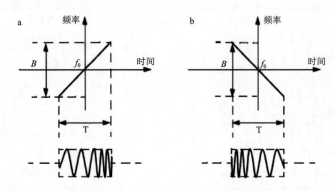

图 2.73 典型的线性调频信号
（向上线性调频 $K>0$；向下线性调频 $K<0$）

线性调频信号时域波形和幅频特性的仿真结果见图 2.74。

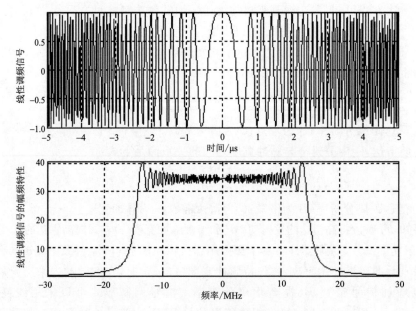

图 2.74 LFM 信号的时域波形和幅频特性
（CINRAD/XA-SD 双偏振多普勒天气雷达应用的 LFM 信号与示例类似但不完全相同）

脉冲压缩的 DSP 处理方法有时域相关或频域相乘。由于 CINRAD/XA-SD 双偏振多普勒天气雷达回波信号点数较多,所以采用频域相乘方法可以获得较快的运算速度,频域脉冲压缩处理流程见图 2.75。

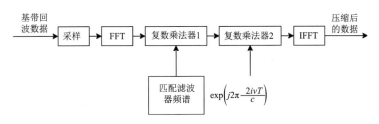

图 2.75　脉冲压缩处理流程图

DSP 对采样后的数据进行快速傅立叶变换(Fast Fourier Transform,FFT),变换至频域后,与其匹配滤波器频率数据进行复数相乘。该匹配滤波器的相频特性具有被处理信号"相位共轭匹配"特性,即相位色散绝对值相同而符号相反,以消除输入回波信号的相位色散。最后将结果做快速傅立叶逆变换(Inverse Fast Fourier Transform,IFFT),重新变换回时域。

匹配滤波器输出信号的包络近似为辛克(sinc)函数形状(图 2.76)。

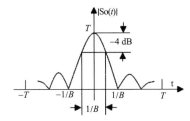

图 2.76　匹配滤波器的输出信号

当 $\pi Bt = \pm\pi$ 时,$t = \pm\dfrac{1}{B}$ 为其第一零点坐标;当 $\pi Bt = \pm\dfrac{\pi}{2}$ 时,$t = \pm\dfrac{1}{2B}$,习惯上,将此时的脉冲宽度定义为压缩脉冲宽度,见式(2.12)。

$$\tau = \frac{1}{2B} \times 2 = \frac{1}{B} \tag{2.12}$$

式中,B 为信号宽度;τ 为脉冲宽度。

LFM 信号的压缩前脉冲宽度 T 和压缩后的脉冲宽度 τ 之比通常称为压缩 D,见式(2.13)。

$$D = \frac{T}{\tau} = TB \tag{2.13}$$

式中,D 为压缩比;T 为压缩前脉冲宽度;τ 为压缩后脉冲宽度;B 为信号宽度。

压缩比也就是 LFM 信号的时宽频宽积。远望全固态 X 波段双偏振天气雷达在实现脉冲压缩技术时,采用频宽 B 为 2 MHz,脉冲宽度 T 分别为 10 μs、20 μs、40 μs、80 μs、160 μs、200 μs 的 LFM 信号,压缩后的脉冲宽度 τ 均为 0.5 μs,其对应压缩比分别为 20、40、80、160、320、400。

2.6.4　信号处理器控制接口定义

XS06 接口定义见表 2.69。

表 2.69　XS06 接口定义

引脚号	输入/输出关系	信号名称	信号定义	连接方
2	输入	ANT_RXD_P	天线角码状态 uart 协议,RS422 电平	天线航插接头 PIN3
5	输入	RF_TX_ERR	发射机故障报警信号,高电平报警,5V-TTL 电平	功放 T4(DB-9S)PIN2
6	输出	RF_ATT[6]	衰减 40 dB,"1"衰减,"0"关闭,5V-TTL 电平	标定模块 B11(J30J-25ZKP)PIN18
7	输出	RF_ATT[4]	衰减 16 dB,"1"衰减,"0"关闭,5V-TTL 电平	标定模块 B11(J30J-25ZKP)PIN7
8	输出	RF_ATT[2]	衰减 4 dB,"1"衰减,"0"关闭,5V-TTL 电平	标定模块 B11(J30J-25ZKP)PIN8
9	输出	RF_ATT[0]	衰减 1 dB,"1"衰减,"0"关闭,5V-TTL 电平	标定模块 B11(J30J-25ZKP)PIN22
10	输出	SWH_SEL[3]	噪声源(N_F)通道打开,"1"打开,"0"关闭,5V-TTL 电平	标定模块 B11(J30J-25ZKP)PIN6
11	输出	SWH_SEL[1]	发射机耦合通道(KD)打开,"1"打开,"0"关闭,5V-TTL 电平	标定模块 B11(J30J-25ZKP)PIN4
12	输出	RADAR_FREQ_SEL[3]	频率控制码,TTL 电平	—
13	输出	RADAR_FREQ_SEL[1]	频率控制码,TTL 电平	—
14	输出	PW_MON_TXD	TTL 电平,功率监视信号	—
16	输出	ANT_TXD_P	天线控制 uart 协议,RS422 电平	天线航插接头 PIN1
17	输出	RF_GATE_P	脉冲调制信号,负脉冲调制,低电平有效,RS422 电平	—
19	GND	地	地	天线航插接头 PIN7
21	输入	ANT_RXD_N	天线角码状态 uart 协议,RS422 电平	天线航插接头 PIN4
23	输入	PW_MON_RXD	TTL 电平,功率监视信号	—
24	输入	TX_ERR_TEMP	发射机过温报警,高电平报警,5V-TTL 电平	功放 T4(DB-9S)PIN3
25	输出	RF_ATT[5]	衰减 32 dB,"1"衰减,"0"关闭,5V-TTL 电平	标定模块 B11(J30J-25ZKP)PIN20
26	输出	RF_ATT[3]	衰减 8 dB,"1"衰减,"0"关闭,5V-TTL 电平	标定模块 B11(J30J-25ZKP)PIN21
27	输出	RF_ATT[1]	衰减 2 dB,"1"衰减,"0"关闭,5V-TTL 电平	标定模块 B11(J30J-25ZKP)PIN9
28	输出	TX_POW_MODUL	发射机电源调制脉冲,正脉冲调制,5V-TTL 电平	标定模块 B11(J30J-25ZKP)PIN1
29	输出	SWH_SEL[2]	RF 测试通道(CW)打开,"1"打开,"0"关闭,5V-TTL 电平	标定模块 B11(J30J-25ZKP)PIN5

引脚号	输入/输出关系	信号名称	信号定义	连接方
30	输出	SWH_SEL[0]	RF 激励通道(RFD)打开,"1"打开,"0"关闭,5V-TTL 电平	标定模块 B11(J30J-25ZKP)PIN3
31	输出	RADAR_FREQ_SEL[2]	频率控制码,TTL 电平	—
32	输出	RADAR_FREQ_SEL[0]	频率控制码,TTL 电平	—
35	输出	ANT_TXD_N	天线控制 uart 协议,RS422 电平	天线航插接头 PIN2
36	输出	RF_GATE_N	脉冲调制信号,负脉冲调制,低电平有效,RS422 电平	—
其他	不接	不接	不接	—

2.7　监控分系统

2.7.1　本地控制

综合机柜面板分通道显示负载供电情况,LED 电子显示屏可以中文显示负载功耗(图 2.77)。

图 2.77　综合机柜面板

综合机柜电源控制面板功能说明见表 2.70。

表 2.70　综合机柜电源控制面板功能说明

接口序号	接口名称	接口说明
1	总控	综合机柜电源控制总开关,此开关打开,系统才能正常供电运转,包括 UPS 充电也受本开关控制
2	遥控	电源控制软件遥控开关,此开关打开,电源控制柜才能接受软件远程控制
3	雷达	综合机柜后面板雷达电源输出路开关,此开关打开,雷达室外主机正常供电
4	通道 1	RDA 终端计算机电源输出开关,此开关打开,RDA 终端计算机正常供电。需要特别注意,此处通道 1 电源输出不是直接接在机柜后通道 1 插座,机柜后方通道 1 插座接入综合机柜内电源分配单元(Power Distribution Unit,PDU)插线板
5	通道 2	综合机柜后面板通道 2 插座供电开关,此开关打开,通道 2 插座正常供电
6	通道 3	综合机柜后面板通道 3 插座供电开关,此开关打开,通道 3 插座正常供电
7	通道 4	综合机柜后面板通道 4 插座供电开关,此开关打开,通道 4 插座正常供电
8	通道 5	空置
9	右列指示灯	综合机柜远程控制电源输出状态,此状态灯不受本地控制影响
10	液晶显示屏	—

2.7.2　远程控制

将计算机通过网线与电源控制器连接,网线插在综合机柜后面板 XS1-XS4 4 个网口中的任意 1 个均可。

通过网络调试助手 UST 设置电源控制器 IP 地址和端口号。软件免安装,双击可直接打开,参数设置详见图 2.78。

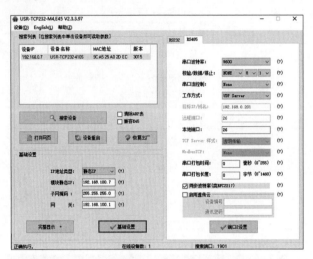

图 2.78　综合机柜远程控制软件参数设置图

软件操作步骤:

①点击搜索设备,搜索列表中会显示出当前设备 IP 地址、设备名称、媒体访问(MAC)地址;

②双击 IP 地址之后,控制器 IP 会显示在基础设置一栏,可对当前 IP 地址进行修改;

③修改完成后,点击基础设置可实现综合机柜 IP 地址的修改。

2.8　伺服分系统

2.8.1　伺服分系统概述

伺服分系统属于自动控制系统,控制被控对象的转角(或位移),使其能自动、连续、精确地复现输入指令的变化规律,可以用来精确地跟随或复现某个过程的反馈控制系统。它由控制器、功率驱动装置、反馈装置和电动机等部分构成。

天气雷达伺服分系统安装接口灵活,可安装于三脚架或者固定平台之上,功能强大,人机的有效结合使设备的效能得到了很好的体现。转台伺服分系统组成见图 2.79。

设备安装时需要用螺钉将设备底板与设备固定座台固定牢固,设备与座台之间不得有异物,螺钉须使用 304 号不锈钢螺钉;在设备运输过程中需要注意不可将设备倒置,不可猛烈撞击。

2.8.2　伺服分系统组成

系统组成共分为 4 部分:转台控制器、转台驱动器、测试转台、低频电缆。

①转台控制器

具有与上位机通信、控制驱动器抽屉、接收转台反馈角度等功能。

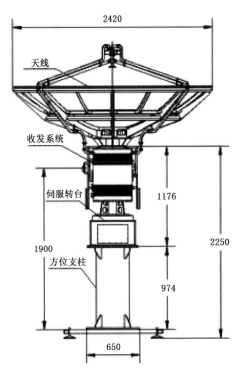

图 2.79 伺服分系统整体图(单位:mm)

②转台驱动器

用于接收控制器指令、驱动转台转动。

③测试转台

用于架设天线同时可完成伺服控制和测试功能的结构部分。

④低频电缆

连接控制仪器到伺服转台的电缆,按照标签连接即可。

电气组成见图 2.80。

伺服控制方式采用闭环模块化控制,由计算机作为中央处理单元,并完成与用户的指令交互。

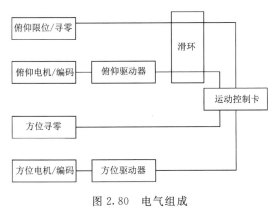

图 2.80 电气组成

通过网口或者串口下达用户指令,控制命令下达至核心控制板,控制板接收到指令后,经过指令识别和计算,最终产生控制信号至驱动器,驱动器驱动电机转动,进而控制负载做相应的运动。

系统控制板是硬件控制的核心单元,内部集成采用以 ARM 公司芯片为核心中央处理器(CPU),外围辅助各种高速处理芯片,用于产生各种控制信号,同时能够接收各个轴反馈的同步和限位信息,组成闭环控制系统。

结合 C 语言作为编程开发语言,具有 32 位运算能力的 ARM 结合执行效率很高的 C 语言程序,执行效率更高,运行更稳定。

系统采用模块化控制,各个模块互不影响,可以独立工作,这样的双系统极大提高系统的工作时长,也便于维修和保养。

伺服控制板内嵌程序灵活性高,并经过多个项目的实际检验,控制效果好。

2.8.3 伺服分系统关键器件

2.8.3.1 控制板

数字板主要 LPC1700 系列 Cortex-M3 单片计算机及外围电路组成,主要完成与雷达监控计算机、天线座之间的数据通信,伺服分系统状态监控与故障定位(定位到最小可更换单元),控制算法的计算和向伺服分系统发布控制命令。

LPC1700 系列 Cortex-M3 微控制器的外设组件包含高达 512 KB 的 Flash 存储器、64 KB 的数据存储器、以太网 MAC、USB 主机/从机/OTG 接口、8 通道的通用 DMA 控制器、4 个 UART、2 条 CAN 通道、2 个 SSP 控制器、1 个 SPI 接口、3 个 I2C 接口、2—输入和 2—输出的 I2S 接口、8 通道的 12 位 ADC、10 位 DAC、电机控制脉冲宽度调整(PWM)、正交编码器接口、4 个通用定时器、6—输出的通用 PWM、带独立电池供电的超低功耗 RTC 和多达 70 个的通用 I/O 管脚。

2.8.3.2 电源模块

采用军品级 AC220V 转 DC24V 电源模块,可以低温环境下能可靠工作,采用领先同步整流技术提高了电源效率和同步整流的可靠性。

模块采用主从模块均流法,使模块能共享电流信号完成自动均流并联应用,可应用于高可靠性的冗余备份系统,采用多层厚铜印制电路板(PCB)与平面变压器工艺提高了电源的功率密度,采用铝外壳灌封工艺提高了电源的抗振动冲击、耐盐雾、耐高温能力。

电源模块主要指标性能见表 2.71。

表 2.71 电源模块指标性能

项目	指标要求
输入	AC176-264 V
输出电压电流	DC24 V/3 A
输出功率	72 W
工作频率	100~200 kHz
绝缘电阻	200 MΩ
平均无故障工作时间	500000 h

续表

项目	指标要求
绝缘强度	输入－输出＞1500 VAC 输入－外壳＞1500 VAC 输出－外壳＞500 VDC 主路－副路＞500 VDC
工作温度	$-40\sim+85$ ℃
存储温度	$-55\sim+105$ ℃

2.8.3.3　限位

限位开关选用日本欧姆龙公司,其主要性能指标见表 2.72。

表 2.72　限位开关性能指标

项目	指标要求
额定电压	AC 480 V,DC 250 V
冲击	＞100 g
使用寿命	机械 15000000 次,电气 750000 次
密封等级	IP67

2.8.3.4　电机

采用交流伺服电机,电机带有抱闸,可以保证设备有效自锁,交流伺服电机的驱动电流采用正弦方式,可以使交流伺服电机反应迅速、转动平稳、工作可靠。转动惯量小,提高系统的快速性,调速范围宽,其广泛应用于各种天线的驱动、光电跟踪、仿真转台等高精度传动系统以及一般仪器仪表驱动装置上。

交流伺服电机的控制模式比较灵活,有位置控制和速度控制。电机控制方面采用位置环控制,通过控制器发送脉冲串到伺服驱动器,伺服驱动器参数设置为位置模式,使得伺服转动。

因为电机是脉冲控制,所以通过脉冲数的多少,可以实现伺服精确定位,同时能够避免因为干扰带来的电机飞车等故障。

2.8.3.5　减速器

减速器采用行星轮减速器,体积小、重量轻,承载能力高,使用寿命长、运转平稳,噪声低。

减速器具有功率分流、多齿啮合独用的特性,最大输入功率可达 104 kW。行星减速器是一种具有广泛通用性的新型行星减速器,内部齿轮采用 20CrMnTi 渗碳淬火和磨齿。整机具有结构尺寸小、输出扭矩大、速比大、效率高、性能安全可靠等特点。

2.8.3.6　低频滑环

导电滑环属于电接触滑动连接应用范畴,是实现 2 个相对旋转机构的动力、信号及数据不间断双向传输的精密电气装置,特别适合应用于 360°无限制的连续旋转。

其由导电性能良好的贵金属弹性材料(电刷)、表面滑动电接触材料(导电环)、绝缘材料、结构支撑材料、精密轴承、防尘罩及其他附件等组成。

电刷通过自身弹力呈"Ⅱ"型与导电环对称接触导通来传递各种动力和信号。采用柱式结构集成一体化,将功率环和信号环融合为一体,结构紧凑,功率环和信号环之间采用有效屏蔽,安装方式采用轴安装,在结构设计中避免湿热环境对导电滑环电气指标的影响,对绝缘件结构、爬电距离及电气安全尺寸进行优化设计,确保满足技术参数内的技术指标。

接触电阻及接触电阻变化量是导电滑环产品的重要指标。

产品采用贵金属(银合金)环道和束刷丝,确保环道的圆滑耐磨,刷丝的弹性韧性,并保证转动接触过程中的稳定性和极低电阻值。

产品采用免维护设计,运用贵金属多纤维束刷丝接触配对技术,实现使用寿命内免维护的功能,并简化安装设计,方便安装。

滑环的基本性能指标见表 2.73。

表 2.73　低频滑环性能指标

项目	指标要求
额定电流	功率环 20 A,信号环 5 A
最大电压	功率环 380 VAC/240 VDC,信号环 110 V/72 VDC
转速	300 r/min
额定转速	250 r/min
工作温度	−30~65 ℃
存储温度	−45~85 ℃
连续转动	≤48 h
寿命	≥40000 万转(额定转速之内)
转动时允许通信波特率	最大为 115200 bit/s
出线	双绞屏蔽
壳体	铝合金外壳,防护等级 IP65

2.8.4　伺服分系统关键点参考波形

2.8.4.1　控制电路模块

系统控制所需要的各个模块按照各自的功能划分后,安装到转台内部。

控制电路模块见表 2.74。

表 2.74　控制电路模块

序号	模块名称	说明
1	驱动单元(伺服电机系统)	内含驱动器、电机及滤波单元
2	ARM 控制板	与上位机通信并控制转台转动并接收处理光编数据返回
3	滤波器	为伺服动力电源滤波
4	直流电源模块	为 ARM 控制板、光编、温度传感器以及温湿度传感器供电
5	光编	绝对式光编
6	温度传感器	采集温度
7	温湿度传感器	采集温湿度信息
8	寻零限位模块	限定各轴转动范围和明确零位所在
9	继电器模块	控制各轴电机是否加电或风扇是否转动

图 2.81 所展示的示波器界面,示波器设置为 1 V 档。被测物是为湿度、温湿度传感器供电的电源部分,此电源为 220 V 转 5 V 输出(图 2.82)。测量位置为图 2.81 中红线标出位置 5 V 与 5 V_g 之间波形。

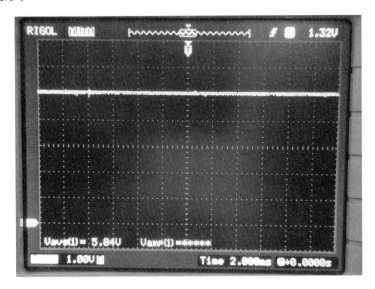

图 2.81　湿度、温湿度传感器供电波形(附彩图)

图 2.82　ARM 控制板测试口(附彩图)

图 2.83 所展示的为示波器界面,示波器设置为 5 V 档。被测物是控制器和光编供电的电源模块,此电源为 220 V 转 24 V 输出(图 2.84)。测量位置是图 2.83 中红线标出位置的 24 V 与 24 V_g 之间的波形。

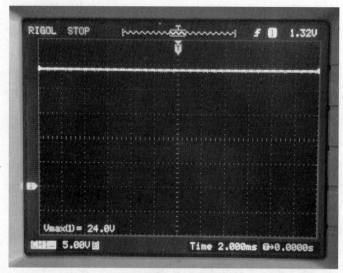

图 2.83　ARM 控制板、光编供电波形(附彩图)

图 2.84　24 V 电源(附彩图)

　　图 2.85 画面所展示的为示波器界面,当前示波器设置为 2 V 档。被测物是绝对式光编回传的信号。测量位置是 0ARM 控制板上的 A＋信号与 B－信号之间的波形(图 2.86)。

2.8.4.2　驱动器

　　采用的是交流伺服电机和驱动器。

　　驱动器使用的是位置模式,通过控制器发送脉冲串到伺服驱动器,控制伺服转动。同时,控制板发送脉冲的频率来控制电机转动的速度,控制板发送脉冲的频率越高,则驱动装置接收脉冲的频率也越高。

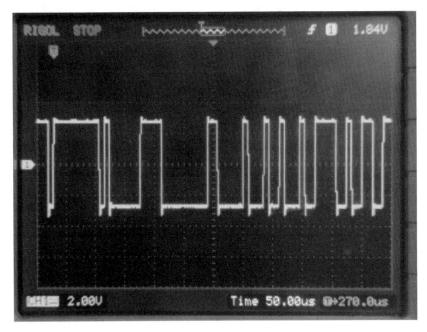

图 2.85　绝对式光编信号波形

图 2.86　ARM 控制板测试点

这样可以实现电机不同速度转动。驱动器接收到的脉冲信号波形见图 2.87。

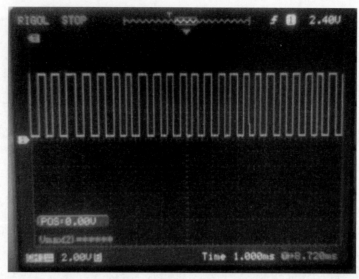

图 2.87　驱动器接收脉冲信号波形

2.8.4.3　角码传输通道

使用的光编是 24 V 供电，A＋、B－的 485 信号波形（图 2.88）。

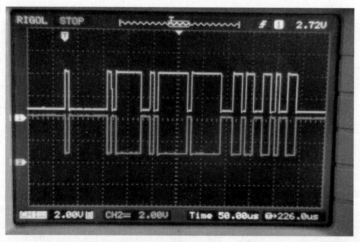

图 2.88　伺服 485 差分信号

2.9　终端分系统

2.9.1　软件的安全性

所有软件都需进行正版序列号注册，方可正常使用。在参数设置界面，软件设置有安全密码，并对用户进行分级管理，对不同级别的用户赋予不同的操作权限。

所有数据和参数设置都保存在独立的配置文件下，并由数据库保存。

2.9.2　软件的健壮性

X 波段天气雷达软件在设计时采用模块化结构，互相之间通过网络包通信，但各自负责各自的处理任务,互不干扰。RDA 作为信号处理终端,负责向信号处理器发送控制命令,并接收信号处理器发回的网络包数据。雷达产品生成终端(Radar Product Generator,RPG),它接收来自 RDA 软件的雷达基数据,通过内部存贮的气象算法,计算出一系列雷达气象产品发送给与其相连的产品处理系统(PUP)。PUP 接收 RPG 处理生成的雷达产品数据以及雷达系统状态信息,并以图形和文字的形式提供给终端用户用于天气分析和预报。它的主要功能包括:产品数据存储和管理、产品请求、产品显示及状态监视等所有软件在打包时都有对应的版本号进行查询,可以追溯所有的研发过程和对应版本号的软件代码。

软件卸载后,配置文件和日志文件将进行单独的打包备份,以便恢复。

2.9.3　软件的不期望事件处理

所有软件在系统中都有对应的进程监控,软件会打印所有运行日志,已备在发生软件本身的不期望事件时,有案可查。

如软件发生闪退现象,软件将自动重启,并在一定时间后继续之前的扫描任务。

2.9.4　系统的故障模型和软件的故障对策

当某分系统出现故障,如数据传输中断、软件死机闪退等,系统应能够自动记录日志并完成自动重启,恢复任务。

2.9.5　软件的维护性

软件对运行故障给出了明确的日志记录,并在说明书中对应记录指引用户完成维护。

软件安装和卸载均采用一键式操作,简单便捷。卸载后,原版本配置文件将进行打包备份。

2.9.6　软件可扩展性

所有软件都采用 C++动态库和 XML 方式开发,这种插件式开发模式将大大提升软件的可扩展性和可升级性。

2.10　配电分系统

2.10.1　配电系统功能和用途

X 波段双偏振天气雷达配电分系统为雷达系统提供 220 V 交流电,并针对工作电力不稳的情况配备了在线式 UPS。

2.10.2　配电分系统主要技术指标

配电分系统主要技术指标见表 2.75。

表 2.75　配电分系统主要技术指标

项目	指标要求
供电方式	市电、发电机
电压	单相 AC (220±10%) V
频率	(50±5%) Hz
耗电量	≤3000 W(含计算机)
UPS 后备时间	≥10 min

2.10.3 配电系统组成和工作原理

2.10.3.1 配电组成

①伺服转台:800 W;

②收发系统:600 W;

③升降平台:1000 W;

④终端计算机:500 W。

2.10.3.2 UPS

①额定容量:2400 W;

②输入电压:220 VAC;

③输入频率:50 Hz;

④输入功因:$\geqslant 0.99$;

⑤输出电压:$220 \times (1 \pm 2\%)$ VAC;

⑥输出频率:$(50 \pm 5\%)$ Hz;

⑦外观尺寸:438 mm×570 mm×87 mm;

⑧重量:21.6 kg。

2.10.3.3 加电控制模块

雷达的加电控制模块设置于机房(方舱)内。雷达以及空调、终端计算机各走一路电,互相不干扰,并最终由总开关控制。

第3章
CINRAD/XA-SD双偏振多普勒天气雷达维护

3.1 安全通则

3.1.1 安全预防措施

以下是一般安全措施,并不涉及任何具体步骤,因此本书的其他地方不再重复叙述。操作和维护人员必须了解和遵守这些措施。

3.1.1.1 远离通电电路

维修人员在任何时候都必须遵守所有安全条例。当电源接通时,禁止在设备内部更换元器件或者进行调试工作。在某些情况下,由于电容储存电荷,即使电源处于关闭的位置时,也存在危险电压。为了避免事故发生,任何时候在接触设备之前,都必须断开电源,把电路接地和放电。

3.1.1.2 检修和调试

检修和调试雷达设备应至少保证2名及2名以上经过专业培训的技术人员在场,以确保人员和设备的安全。

3.1.1.3 抢救

雷达采用220 V交流供电,使用高压或者接近高压的工作人员应该熟悉现代抢救方法,可以从地方医疗救助机构获得这方面知识。

3.1.1.4 有效操作

当在危险区域工作时,应该根据正确安全的步骤操作。在进入危险区域工作前,要求熟练掌握这些正确安全的操作步骤。

3.1.1.5 微波辐射注意事项

微波辐射存在于波导中,是雷达波束发射的辐射能量。依据当前标准,可允许的最大的辐射强度为 $5\ mW \cdot cm^{-2}$ 的条件下泄露 1 h,或者有 $1\ mW \cdot cm^{-2}$ 的持续泄露(表 3.1)。

表 3.1 YW-X 系列全固态多普勒天气雷达天线微波辐射表

型号	天线尺寸/cm	额定发射峰值功率/W	最大占空比/%	微波辐射/$mW \cdot cm^{-2}$
YW-X3-B	45216	500	18	3.981

3.1.1.6 发射时天线指向开阔区域

如果必须在天线发射功率的情况下进行维护作业,则需采取必要措施使天线指向开阔区域。

3.1.1.7　不使用的所有工具材料都置于安全状态

在操作设备前,所有工具、基座等都置于安全状态。

3.1.1.8　恢复所有联锁装置

完成有关设备维护工作后,立即将所有连锁开关恢复到正常工作状态。

3.1.1.9　不要在外露部件附近使用金属工具

在距离外露带电部件的电气设备 1.5 m 之内不要使用带金属的刷子、扫帚或者其他工具。

3.1.1.10　触电危险

设备相关的电源和高压会引起死亡或重伤,这些高压主要位于雷达电源箱和收发箱,雷达附属设备机柜以及 RDA、RPG 和 PUP 计算机。防护装置上写有警告标志和标签,以便让工作人员注意到这些潜在危险。不要忽视这些警告。确保不绕过这些安全连锁、阻挡物和防护装置进行相关操作。

3.1.1.11　主要设备危险

错接电子设备会导致主要的设备损坏。所以在维护操作时,如果拆卸线缆,应确保重新连接时开关/颜色编号正确。

3.2　雷达检查内容

3.2.1　雷达设备操作与维护(室外部分)

伺服转台接口如图 3.1 所示。

图 3.1　伺服转台接口

3.2.1.1　基座电源插座使用说明

伺服基座上配有 220 V 交流电插座,可为测试仪表等设备提供电源,插座旁边设置单路空气开关,可控制插座是否通电。

3.2.1.2　422 通信接口

用于判断伺服通信状态是否正常。引脚输出定义如图 3.2。

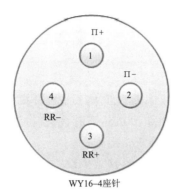

图 3.2　通信接口引脚输出定义

1、2 一组差分信号,3、4 一组差分信号,正常通电情况下可由示波器测得通信命令输出。

3.2.1.3　转台供电

输入 220 V 交流电,用于雷达伺服转台和收发箱供电。

3.2.1.4　光纤通信

用于雷达和控制终端服务器通信的光纤接口。

3.2.1.5　手柄控制

外接手柄,在收发箱故障的情况下,仅需转台供电正常,即可控制天线动作,调整天线角度(图 3.3)。

图 3.3　天线手柄

按住手柄不放,分别按住对应按钮控制天线运动。

3.2.1.6 电源开关

伺服转台电源开关可控制雷达室外设备供电,关闭开关后,雷达伺服转台、收发箱都不供电。雷达天线抱闸。

3.2.1.7 开机操作步骤

(1)开机检查

①确认环境温度湿度符合开机要求,无其他不适宜开机的因素;

②检查整机上所有开关都处于关闭状态,所有接头衔接可靠紧固;

③雷达附近没有障碍物阻挡天线正常运行;

④雷达设备上没有放置维护工具及连接维护设备;

⑤稳压电源及 UPS 工作正常,输出电压稳定。

(2)开机步骤

①开启雷达控制终端服务器;

②开启雷达设备电源开关;

③通过终端服务器软件开始雷达工作任务。

3.2.1.8 关机操作步骤

①在软件中操作待机,停止雷达工作任务,等待雷达天线复位;

②关闭软件;

③关闭雷达设备电源开关;

④关闭控制终端服务器。

3.2.2 雷达维护步骤

3.2.2.1 外观检查

由于雷达设备主机置于室外,没有专门保护,因此应定期检查雷达设备和控制终端服务器的通信是否正常、收发箱防水是否正常、各个连接接口是否有松动现象、有无生锈现象、有无渗雨现象。

雷达机房(方舱)内和天线罩内是否有异响和异味。

雷达天线罩是保护雷达设备的重要屏障,建议定期检查是否漏雨、密封是否良好。

雷达收发箱恒温装置采用半导体空调,设备长期在户外运行,外循环进风口、外风机、铝剂型散热片表面会沾有很多粉尘等异物,影响散热,需要定期进行清洁和维护,建议与定期检查同时进行。

3.2.2.2 机内参数记录

机内参数记录主要是为了让台站技术人员更好更方便地了解雷达运行的整体情况,而不需要停机外接仪表对雷达参数指标进行测试。

机内标定测试是由机内标定单元产生标定测试信号,对相应指标进行标定测试,并显示在终端软件上。

机内测试通过软件操作并读取结果数据,不需要外界仪器。机内标定测试可以有效地对雷达机箱温度、系统噪声系数、相位噪声、线性通道滤波、动态范围、接收机灵敏度等参数进行观察和记录。

雷达天线控制精度测试,通过控制终端软件发送天线控制命令,测试天线动作控制精度是否达标,同时观察天线运行是否有异响,建议每月进行一次。

雷达天线波束指向精度测试,是通过天馈线系统和接收通道接收太阳热辐射用于检查天线波束指向是否精准。太阳法测试时软件需要根据北京时间获取太阳当前方位角和俯仰角,因此未获得准确的标定测试数据,建议在进行太阳法天线波束指向精度测试之前对控制终端服务器进行校时,误差尽量保持在 $-10\sim10$ s。

3.2.2.3　机外指标测试

机外测试主要用到的仪表为示波器和功率计,通过测试收发箱发射信号的脉冲包络信息和峰值功率,了解雷达发射信号是否正常。

雷达发射信号测试,在雷达停机维护的状态下,通过软件控制雷达发射机工作,使用相关仪器测试雷达收发箱各个测试接口输出的信号是否正常,用以初步判断雷达工作是否处于正常状态(图 3.4)。

图 3.4　收发箱测试接口

(1)Tx_OUT_H:发射机 H 通道发射信号测试

该信号为发射机输出口的波导耦合输出。耦合比 40 dB 左右。

正常工作时,信号频率 9.3~9.5 GHz,信号峰值功率 1000 W(60 dBm)。

维护工作时,可由软件控制输出脉冲信号,对信号设置脉宽、重频,根据设置由该接口检测发射信号,确定收发箱 H 通道工作是否正常。

脉冲工作模式下,可由示波器对发射耦合信号进行检波测试,得出发射脉冲包络特性。常规维护时重点关注包络信号脉宽、上升沿、下降沿、脉冲幅度等数值(图 3.5、图 3.6)。

(2)Cal_OUT:标定单元标定信号输出

标定单元标定信号输出,通过短接传输线接入 Cal_IN,用于接收通道标定测试。

正常时,信号频率 9.3~9.5 GHz,信号峰值功率 20 dBm,可由功率计测试信号输出功率是否正常。

标定测试信号由 4 选 1 开关(四位开关)选择输出,4 选 1 开关通过软件控制。

该信号用于雷达机内标定测试,不影响雷达主通道工作,只影响机内标定测试结果。

该信号通过数控衰减器输出,0 dB 衰减时,接口输出功率 20 dBm,随机内数控衰减器变化线性变化。

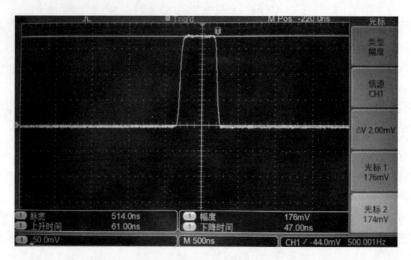

图 3.5　0.5 μs 脉宽发射机发射脉冲包络

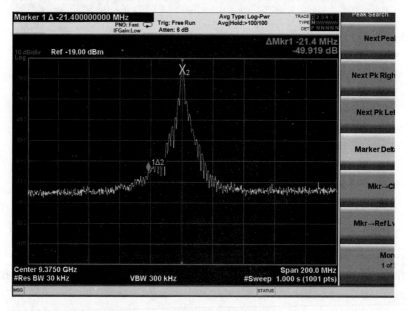

图 3.6　0.5 μs 脉宽频谱特性测试结果

(3)Cal_IN:标定信号输入

该接口没有信号输出,用于测试信号输入接收单元进行通道标定测试。由 Cal_OUT 输出信号接入时,为机内标定测试。由机外信号源输出信号接入时,为机外标定测试。

控制终端软件中通过四位开关选择不同的测试信号,可以进行相应的机内标定测试。由外接信号源输入信号时,可以进行相应的机外标定测试。

射频测试信号输入接收通道后,在通道内由功分器公分为 H、V 两路信号,分别输入水平通道 H 和垂直通道 V,进行通道动态范围、接收机灵敏度等测试。

噪声源信号输入接收通道,可以进行通道噪声系数的标定测试。

（4）IF_H_OUT：H 通道中频信号输出耦合

该信号为经过水平接收通道处理后输出的中频信号耦合，信号中心频率60 MHz，信号功率与输入水平接收通道的信号功率成正相关变化，该测试接口可用于判断雷达水平接收通道工作是否正常。

（5）IF_V_OUT：V 通道中频信号输出耦合

该信号为经过垂直接收通道处理后输出的中频信号耦合，信号中心频率60 MHz，信号功率与输入垂直接收通道的信号功率成正相关变化，该测试接口可用于判断雷达垂直接收通道工作是否正常。

（6）RFDrive：射频激励耦合测试

该测试接口输出为输入发射机的激励信号耦合信号，中心频率 9.3～9.5 GHz，峰值功率 15 dBm，脉冲工作模式下可由示波器测试信号包络。该信号用于判断发射机输入激励是否正常，以此判断频率源和标定通道是否输出正常。

3.2.2.4　伺服转台

伺服转台主要是设备的日常检查维护。

（1）维护类别和职责

①日常维护：工作中或工作后，由台站操作人员进行；

②技术保养：根据设备实际使用情况，由厂家技术人员进行。

（2）维护项目

①检查机器各紧固件是否松动，如果有松动应尽快拧紧螺钉，需要工具为1套内六角螺钉扳手和1把十字螺丝刀；

②检查设备运行中是否有异响；

③检查各轴转动是否满足转动范围要求；

④检查设备是否有漏油；

⑤检查各轴转动角度是否正常；

⑥检查各行程限位开关是否灵敏可靠；

⑦检查设备表面是否有碰伤和划伤；

⑧检查各轴转动是否阻力变大、转动迟缓。

3.2.3　常见故障维修与处理

3.2.3.1　收发系统报警状态及故障处理

收发系统报警状态及故障处理见表3.2。

表 3.2　收发系统报警状态及故障处理

序号	故障状态	故障处理
1	数字中频通信报警	检查雷达通电状态和通信状态
2	中频锁相环报警	检查时钟输出
3	中频温度过高报警	检查信号处理器散热风道是否堵塞
4	发射机输出状态报警	检查发射机输出功率和激励输出功率
5	发射机注入激励状态报警	检查激励输出功率、本振信号、DDS信号

序号	故障状态	故障处理
6	发射机电源状态报警	检查发射机供电状态
7	发射机温度过高报警	尝试重启,检查收发箱制冷器工作状态
8	发射机输出功率过高或过低	测试检查发射机输出功率
9	频率源第二本振状态报警	检查第二本振信号
10	频率源第一本振状态报警	检查第一本振信号
11	频率源输出射频激励报警	检查发射机射频激励信号
12	信号处理器参考时钟报警	检查频综输出时钟信号
13	晶振状态报警	检查频率源输出本振信号及时钟信号
14	频率源温度过高报警	检查收发箱制冷器工作状态

3.2.3.2 伺服转台报警状态及故障处理

伺服转台报警状态及故障处理见表 3.3。

表 3.3 伺服转台报警状态及故障处理

序号	故障状态	故障处理
1	间隙突然变大	及时紧固螺钉,并加螺钉防松胶
2	转动时出现异响	发现这种情况应首先给设备转动部位加注润滑油。如果问题没有改善,应尽快检查是否有杂物进入啮合部位,如有杂物要停止转动,及时清理干净所有杂物。检查是否转动与不转动的部位发生了摩擦,把发生摩擦变形的部位修好
3	行程开关失灵	检查行程开关是否损坏,如果损坏,及时更换。如果是固定行程开关的螺钉松动,应把行程开关调到合适的位置再紧固,并加螺钉防松胶
4	设备表面有碰伤,划伤	应及时检查设备周围的物体,与设备发生干涉的尽快移走或减小设备的转动范围
5	设备转动时阻力变大	应定期给设备加油,时间最好 1 a 为 1 个周期(丝杠、导轨要加机油)
6	转台加不上电	检查急停开关有没有松开,检查航插头是否连接牢固,检查电源线的通断
7	软件与转台连接不上	确认电脑的串口号是否和软件上设置得一致,检查 422 通信电缆连接是否牢固以及通断,检查通信模块是否异常
8	方位无法寻到机械零点	调整寻零环位置,让其可以触发到寻零模块,更换新的寻零模块
9	手控不起作用	检查手柄控制电缆连接是否正常,检查手控盒按钮是否坏掉,检查按钮接线处是否松掉
10	方位轴或俯仰轴不转	确认负载没有超过最大负载,查看驱动器报警信息

3.2.4 雷达综合机柜操作与维护(室内部分)

雷达综合机柜内含设备见表 3.4。

表 3.4　综合机柜组成

部件名称	品牌/厂商	型号
电源远程控制器	成都远望	—
RDA 主机	戴尔	DELL5820
工具箱	成都远望	—
交换机	华为	S1799-8G-AC
UPS 主机	山特	RACK 3K
机架式排插	公牛	E-1080

3.2.4.1　电源远程控制器使用及维护

远程控制器功能是通过局域网网络监管和控制雷达及其附属设备的供电情况。远程控制器面板液晶屏上将显示每个通道的电压、电流、功率检测的值。

3.2.4.2　电源远程控制器使用说明

远程控制器由综合机柜 220 V 交流电供电,输出 UPS 供电、雷达供电和 4 个通道供电。

开启主控按钮,按钮点亮,远程控制器上电,即可实现控制器上各个通道的开关操作。每个通道对应 1 个按钮。通道 5 空置。面板右侧 LED 灯指示远程控制通断。

通道 1 直接接入 RDA 计算机,可远程实现 RDA 计算机开关机,面板上通道 1 插座接出机柜内插线板。通道 2 至通道 4 对应接出。

关闭对应通道后,该通道将不再为通道上的电气设备供电。

电源远程控制器最多可以为 4 kW 负载供电,超过负载容量后,远程控制器内熔断丝将熔断,控制器不再输出交流供电。

综合机柜网口连接计算机可以直接实现综合机柜远程控制。

3.2.4.3　电源远程控制器日常维护

远程控制器不需要特别维护,只要定期观察指示灯和电压电流输出是否正常即可。

3.2.4.4　雷达终端服务器

雷达终端服务器用于通过光纤和雷达进行通信及数据交换,安装 Linux 或 Windows Server 2012 操作系统,以控制雷达、监视雷达运行情况及收集雷达基本数据并用于产品终端演算雷达二次产品。此外,雷达终端服务器还将用于机内定标测试。

雷达终端服务器建议定期维护,删除冗余文件,服务器机箱除尘,观察服务器散热是否正常。

3.2.4.5　网络交换机

雷达综合机柜内配备一台 8 口网络交换机,用于雷达终端服务器与台站局域网相连接。此外,机柜背面多功能面板上的网络接口也与其连接,以方便雷达设备接入台站局域网。

3.2.4.6　UPS 电源

雷达综合机柜内配备 1 台山特 3 KVA 的 UPS,UPS 输出仅供雷达终端服务器和多功能面板 2 个 220 V 电源插座使用,逆变启动后,负载 300 W 时,可以将掉电时间延时 30 min,满载 2400 W 负载时可以将掉电时间延时 5 min,因此在使用时请务必计算负载功率,控制放电时间,以免造成不必要的损失。

3.2.4.7 UPS 使用

UPS 使用有专门的用户手册,读者可以详细阅读。

远程控制器开机打开 UPS 通道后,UPS 输入供电开启,打开 UPS 输出开关后,UPS 正常输出。需要注意的是远程控制器不能控制 UPS 的输出通断,UPS 输出需要手动开启。

UPS 内有高压,由于 UPS 可由电池供电,因此即使不连接输入电源线,UPS 输出端也可能存在高压。

3.2.4.8 UPS 维护

每个季度进行一次 UPS 充放电试验,以保证在市电掉电的情况下 UPS 能够正常工作,对设备起到保护作用。

3.2.4.9 机柜多功能面板

多功能面板提供 4 个与机柜内网络交换机连接的 RJ45 网络接口,1 个空置的 RS232 串口双阴转接头,1 个用于雷达通信的光纤接口,4 个 220 V 10 A 电源插座(其中 2 个由机柜内 UPS 供电、2 个由 220V 市电供电),2 个航空插头(其中 1 个用于雷达室外设备供电、1 个用于 220 V 市电输入)。

3.2.4.10 雷达设备整机功耗

雷达整机设备功耗见表 3.5。

表 3.5 雷达整机设备功耗一览表

设备名称	雷达型号/规格	功耗/W
雷达设备	YW-X3-B	2000
雷达远程控制器(空载)	RADAR-RPC	<10
交换机	S1700-8G-AC	<10
雷达控制终端服务器	DELL-5820	350

3.3 雷达定期维护

雷达的定期维护分为日维护、周维护、月维护和巡检及年维护。

3.3.1 日维护

日维护每天进行一次,不影响雷达担负任务。对雷达主机室、终端室做清洁卫生处理,对雷达进行外部擦拭、检查和试机,做好开机前的准备工作。

3.3.2 周维护

周维护每周进行一次,所需维护时间通常为 4~6 h。周维护主要对雷达各系统进行有计划、有重点的检查维护,测量主要技术数据,并进行必要的调整。

3.3.3 月维护

月维护每月进行一次,所需维护时间通常为 8~12 h。月维护主要对天线系统和精密复杂器件进行有计划的维护、检查和校正,并进行必要的调整。

3.3.4　年维护

每年都要进行一次,所需时间通常为 3～4 d。进行巡检维护时,要对雷达进行全面彻底的维护和检查,测试雷达全部技术指标数据,并进行必要的调整。全面检查雷达各系统的各个部分,测试雷达的各项技术参数。对整机测试中发现的问题进行调试、维修,对已疲劳老化器件、线缆进行更换。

第4章
CINRAD/XA-SD 双偏振多普勒天气雷达
主要信号流程

4.1 发射分系统信号流程

4.1.1 发射信号流程

信号处理器收到发射指令后,输出对应的 DDS 信号给上变频模块,在上变频模块内部和本振 LO1、LO2 进行混频,将 DDS 中频信号混频为发射激励信号输入发射机,激励信号在发射机内部经过逐级放大再合成,形成大功率发射信号从发射机口输出,经过波导开关,波导功分器、隔离器、环形器输出到天馈系统。

4.1.2 频综信号流程

图 4.1 为 100 MHz 恒温晶振的功能框图,100 MHz 恒温晶振通过带通滤波后进入小信号放大器,放大的 100 MHz 参考信号通过一分三功率分配器分别输出到第一本振、第二本振和采样时钟电路的参考输入端口。

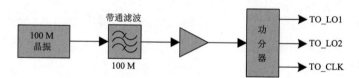

图 4.1 100 MHz 恒温晶振功能框图

图 4.2 为第一本振频率源的功能框图,通过 100 MHz 参考信号作为本振的基准频率,100 MHz 参考信号放大后进入谐波发生器 1 中,谐波发生器主要参数由输入 100 MHz 信号频率为基准的倍频频率,然后通过 1100 MHz 选频滤波器滤掉多余的谐波信号,1100 MHz 信

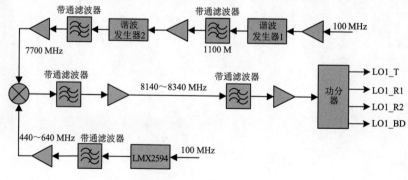

图 4.2 第一本振频率源功能框图

号再次作为下一次谐波发生器 2 的基准信号,通过 7700 MHz 选频滤波器滤掉其他信号后输出作为混频的本振信号;另外 100 MHz 参考信号作为锁相环芯片 LMX2594 的参考,通过锁相后输出(540±100) MHz 的信号作为混频的中频信号;由 7700 MHz 和(540±100) MHz 信号混频后产生组件所需要的第一本振信号(8240±100) MHz,第一本振信号通过滤波放大后功分输出至不同的模块,为其提供所需的第一本振信号。

图 4.3 为第二本振频率源的功能框图,通过 100 MHz 参考信号作为本振的基准频率,100 MHz 参考信号放大后进入谐波发生器 1 中,谐波发生器主要参数由输入 100 MHz 信号频率为基准的倍频频率,然后通过 1100 MHz 选频滤波器滤掉多余的谐波信号,通过滤波放大后功分输出至不同的模块,为发射分系统提供所需的第二本振信号。

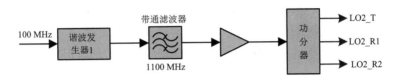

图 4.3　第二本振频率源功能框图

图 4.4 为采样时钟功能框图,100 MHz 参考信号作为锁相环芯片 LT6946 的参考,通过锁相后输出 720 MHz 的信号作为信号处理器的时钟信号;为信号处理器对组件接收及发射信号提供时钟基准及相位参考等作用。

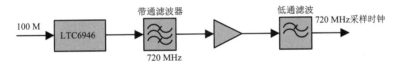

图 4.4　采样时钟功能框图

上变频信号流程见本书 2.3.3.3 节。

4.1.3　发射机信号流程

发射机主要将信号经过驱动单元放大功率,推动末级功放能够饱和工作。射频激励信号经过驱动单元将功率放大之后,进入 1 个 6 路波导功分器,将信号功分成 6 路,之后 6 路射频信号分别经过 1 个二级功放单元,将末级功放推动至饱和工作状态。其中,二级功放单元中包含 1 个波导功分器、2 个功放芯片和 1 个波导合成器,目的是先将信号的功率增大 1 倍。最后 6 路信号再经过 1 个 6 路波导合成器,将信号功率合成后输出。功放单元将 24 个功放芯片进行功率合成,合成输出功率大于 1000 W 输出(参见图 2.15)。

4.2　接收分系统信号流程

4.2.1　接收信号流程

天馈线接收的回波功率从环形器进入限幅器(图 4.5),通过限幅器之后进入低噪放,回波信号在低噪放内部进行放大处理,放大之后输入接收通道下变频模块,将射频信号变为中频信号,中频信号进入信号处理器之后进行数据处理。

4.2.2 限幅器信号流程

限幅器信号流程见图 4.5。

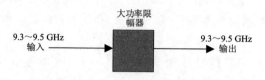

图 4.5　限幅器信号流程

4.2.3 低噪放信号流程

低噪放模块主要是将天线接收的射频信号进行低噪声放大和带外其他杂散干扰信号的抑制。整个接收通道的噪声系数优于 3.0，动态范围高达 95 dB，灵敏度－110 dBm，接收机增益高于 30 dBc，保证弱回波识别能力，为捕捉天气信息提供强有力的数据支撑（图 4.6）。

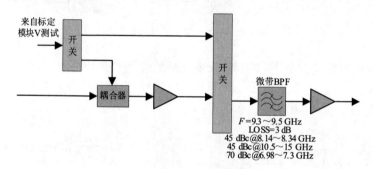

图 4.6　低噪放信号流程

测试信号、机内噪声源信号和延迟信号经过耦合器或开关进入接收通道内，对接收通道的状态进行检测，可以测试接收通道的动态范围、噪声系数和系统的稳定性。

4.2.4 接收机信号流程

天线接收到的回波信号经过环形器、限幅器和低噪放后，进入接收通道。接收通道通过 2 次下变频将接收到的 9.3～9.5 GHz 射频信号变频至中频 60 MHz 输出，1.16 GHz 中频信号经过滤波器对镜频信号进行抑制。同时监测接收机的工作状态，配合控制软件实现故障定位和控制功能（图 4.7）。

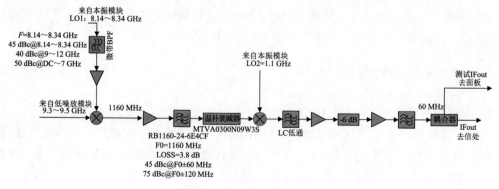

图 4.7　接收模块信号流程

4.3　伺服分系统信号流程

4.3.1　伺服控制系统信号流程

伺服控制系统采用闭环模块化控制,由计算机作为中央处理单元,并完成与用户的指令交互(图 4.8)。

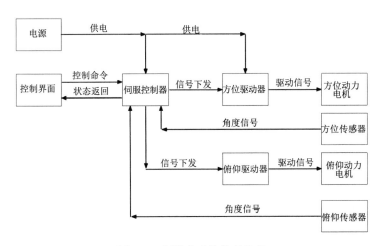

图 4.8　伺服分系统信号流程

通过串口下达用户指令,控制命令下达至核心控制板,控制板接收到指令后,经过指令识别和计算,最终产生控制信号至驱动器,驱动器驱动电机转动,进而控制负载做相应的运动,电机运动带动光电编码器转动产生电平信号,控制板采集电平信号经过处理以后输出正常的角度信号。

4.3.2　闭环位置控制信号流程

通过终端设备进行命令的下发,控制板在接收到命令以后,会做出反应,进行一系列的识别和计算,然后下发信号给驱动装置,驱动装置收到脉冲以后,会驱动电机进行转动,电机转动的同时末级传感器会反馈位置信号给到控制器,以此来调谐位置的变化(图 4.9)。

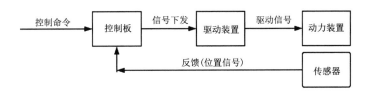

图 4.9　伺服控制信号流程

4.3.3　驱动器信号流程

通过终端设备进行命令的下发,控制板在接收到命令以后,会做出反应,进行一系列的识别和计算,然后下发信号给驱动装置,控制板在发出脉冲信号以后,经过驱动控制装置,驱动器发送动力信号,控制电机转动,控制板发送多少脉冲,会通过末级编码反馈回来(图 4.10)。

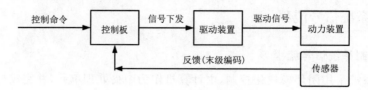

图 4.10　驱动器信号流程

4.3.4　驱动电机信号流程

控制板在发出脉冲信号以后,经过驱动控制装置,驱动器发送动力信号,控制电机转动,控制板发送多少脉冲,会通过末级编码反馈回来(图 4.11)。

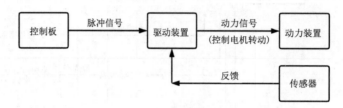

图 4.11　驱动电机信号流程

4.3.5　速度信号流程

控制板通过发送脉冲来控制驱动装置,以此来控制电机转动,电机转动的同时末级传感器会反馈位置信号给控制器,通过回传的数据单位时间内转动的角度算出实际速度(图 4.12)。

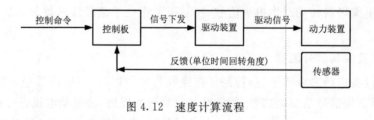

图 4.12　速度计算流程

4.3.6　角码信号流程

控制板通过发送脉冲来控制驱动装置,以此来控制电机转动,电机转动的同时,末级传感器会反馈位置信号给控制器,用于比较下发脉冲与当前实际位置差,以此来调谐位置的变化(图 4.13)。

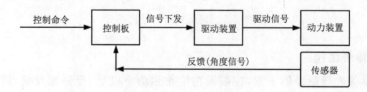

图 4.13　角码信号流程

4.3.7　监控信号流程(故障信号流程)

控制板通过发送脉冲来控制驱动装置,以此来控制电机转动。此系统俯仰轴是有转动范围限制的,当转动到限位时,控制器接收到限位信号后将下发停止转动命令,并将限位信号回传上位机显示。若驱动器出现故障,它会发出警报并传给控制器,控制器将接收处理此报警信息并回传上位机显示(图 4.14)。

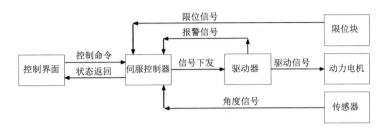

图 4.14　监控信号流程

4.3.8　速度控制信号流程

控制板通过发送脉冲来控制驱动装置,以此来控制电机转动,同时控制板发送脉冲的频率来控制电机转动的速度,控制板发送脉冲的频率越高,驱动装置接收脉冲的频率也越高,这样可以实现电机不同速度转动(图 4.15)。

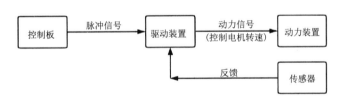

图 4.15　速度控制信号流程

4.4　信号处理分系统信号流程

信号处理终端按功能模块划分为:实时数据采集模块、指令控制模块、数据处理模块和监测模块(图 4.16)。

实时数据采集模块主要通过千兆网络接口对雷达探测的原始 I/Q 数据进行采集,并转换成指定的格式送往数据处理模块。数据处理模块将数据采集模块得到的原始数据再经过必要的处理,将回波信息传给控制终端。该模块还可以打开已经存储的 I/Q 数据,进行原始 I/Q 数据文件复显。指令控制模块主要完成发送各种控制指令,如工作参数设置、天线控制等;监测模块主要完成接收监控分系统送来的显示信息,如工作状态、工作参数、故障信息等。

主要功能:

①控制雷达定时器参数,以产生各种工作模式参数;

②自动零公里标定(定时参数修正);

③双通道平衡性幅度、相位校正;

④实时 I/Q 数据采集、存储功能;

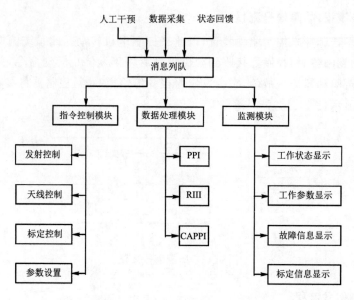

图 4.16　信号处理终端模块流程

⑤实时波形分析:绘制 I/Q 波形、频谱、功率波形,用户可方便地查看实时或者历史数据时域、频域、一次产品波形。

第5章
CINRAD/XA-SD 双偏振多普勒天气雷达 主要测试内容及测试方法

5.1 雷达主要参数检查

雷达主要参数检查包括对雷达静态参数(表 5.1)、雷达运行模式参数(表 5.2)、雷达运行环境参数(表 5.3)和雷达在线定时标定参数(表 5.4)的检查。

表 5.1 雷达静态参数

序号	参数名称	单位
1	工作频率	MHz
2	天线增益	dB
3	水平波束宽度	°
4	垂直波束宽度	°
5	发射馈线损耗	dB
6	接收馈线损耗	dB

表 5.2 雷达运行模式参数

序号	参数名称	说明
1	日期	—
2	时间	—
3	体扫模式	—
4	控制权标志	本控、遥控
5	系统状态	馈源高度/m

表 5.3 雷达运行环境参数

序号	参数名称	单位
1	机房温度	℃
2	发射机温度	℃
3	天线罩温度	℃
4	机房湿度	%
5	发射机湿度	%
6	天线罩湿度	%

表 5.4 雷达在线定时标定参数

序号	参数名称	单位
1	KD 标定期望值	dBZ
2	KD 标定测量值	dBZ
3	水平通道相位噪声	°
4	垂直通道相位噪声	°(双偏振预留)
5	水平通道滤波前功率	dB
6	水平通道滤波后功率	dB
7	垂直通道滤波前功率	dB(双偏振预留)
8	垂直通道滤波后功率	dB(双偏振预留)
9	发射机峰值功率	kW
10	发射机平均功率	W
11	短脉冲噪声电平	dB
12	长脉冲噪声电平	dB
13	水平通道不同脉宽噪声电平	dB
14	垂直通道不同脉宽噪声电平	dB(双偏振预留)
15	当前垂直通道噪声电平	dB(双偏振预留)
16	当前水平通道噪声电平	dB
17	水平通道噪声温度/系数	K/dB
18	垂直通道噪声温度/系数	K/dB(双偏振预留)
19	短脉冲系统标定常数	dB
20	长脉冲系统标定常数	dB
21	不同脉冲宽度系统标定常数	dB
22	反射率期望值	dBZ
23	反射率测量值	dBZ
24	速度期望值	m·s^{-1}
25	速度测量值	m·s^{-1}
26	谱宽期望值	m·s^{-1}
27	谱宽测量值	m·s^{-1}
28	差分反射率标定值	dB(双偏振预留)
29	差分传播相移标定值	°(双偏振预留)
30	脉冲宽度	μs
31	两个线性通道增益标定目标常数的差值(ΔSyscal)	dB

5.2 雷达工作参数测量

雷达工作参数测量包含雷达天线座水平度测量、伺服系统角度控制精度检验、雷达波束指向检验(表 5.5)。

表 5.5　雷达工作参数测试

序号	参数名称	测试步骤
1	雷达天线座 水平度测量	发送雷达天线座水平度测试指令(机外测试:方位角 0°～315°,步进 45°)
		雷达响应测试指令并执行
		读取雷达天线座水平度测试结果
2	伺服系统角度 控制精度检验	发送伺服系统角度控制精度测试指令(机内测试:方位角 0°～330°,步进 30°; 俯仰角 0°～55°,步进 5°)
		雷达响应测试指令并执行
		读取伺服系统角度控制精度测试结果
3	雷达波束 指向检验	发送雷达波束指向测试指令(机内测试,太阳法)
		雷达响应测试指令并执行
		读取雷达波束指向测试结果

5.3　雷达标定及参数调整

5.3.1　回波强度定标检验

分别用机外信号源和机内信号源从接收机前端输入功率为 $-90.9\sim-40.9$ dBm 范围(步进 10 dB)的连续波测试信号,在雷达终端分别获取距离 6 km、60 km、90 km、150 km 和 180 km 处回波强度的测量值,与注入测试信号计算所得回波强度期望值进行对比。测试时,机外信号源和机内信号源在同一工作通道接收机前端输入功率应保持一致。

根据雷达方程由输入信号功率计算回波强度期望值可采用下式:

$$Z_{\exp} = 10\lg[(2.69\times10^{16}\lambda^2)/(P_t\tau G^2\theta\varphi)] + P_\gamma +$$
$$20\lg R + L_{\sum} + RL_{at} = C + P_\gamma + 20\lg R + RL_{at} \tag{5.1}$$

其中,$C = 10\lg[(2.69\times\lambda^2)/(P_t\tau\theta\varphi)] + 160 - 2G + L_{\sum}$

$$L_{\sum} = L_0 + L_p + L_{\gamma}$$

$$L_{\gamma} = L_t + L_\gamma$$

式中,λ 为波长;P_t 为发射脉冲峰值功率;τ 为脉冲宽度;G 为天线增益;θ 为水平波束宽度;φ 为垂直波束宽度;P_γ 为输入信号功率;R 为距离;$L_{\sum}$ 为系统除大气损耗外总损耗;L_{at} 为大气损耗;C 为雷达常数;L_0 为匹配滤波器损耗;L_p 为天线罩双程损耗;L_t 为发射支路损耗;L_γ 为接收支路损耗;L_{γ} 为收发支路总损耗。

5.3.1.1　机外信号源测试

指标要求:强度定标检验差值在 $-1.0\sim1.0$ dB。

测试仪表:信号源。

测试步骤:

①外接信号源(图 5.1—图 5.3);

②点击 RDASOT 软件中的"反射率标定",设置标定,机外测试(图 5.4);

③选择脉冲宽度和接收通道(图 5.5);

图 5.1　外接信号源 1

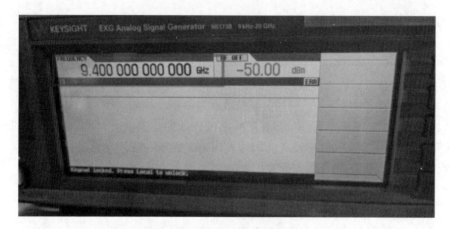

图 5.2　外接信号源 2(接口见图 5.3)

图 5.3　外接信号源 3

RDASOT
参数设置
环路测试
噪声系数
动态范围
相位噪声
灵敏度
天线控制
软件示波器
太阳法
反射率标定
天顶标定
偏振量
脉间
标定
Build(17970/15103) at Tue Jun 1 14:04:16 CST 2021
Close

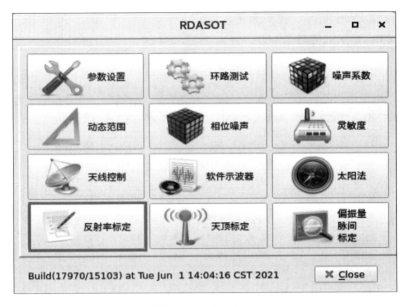

图5.4　反射率标定

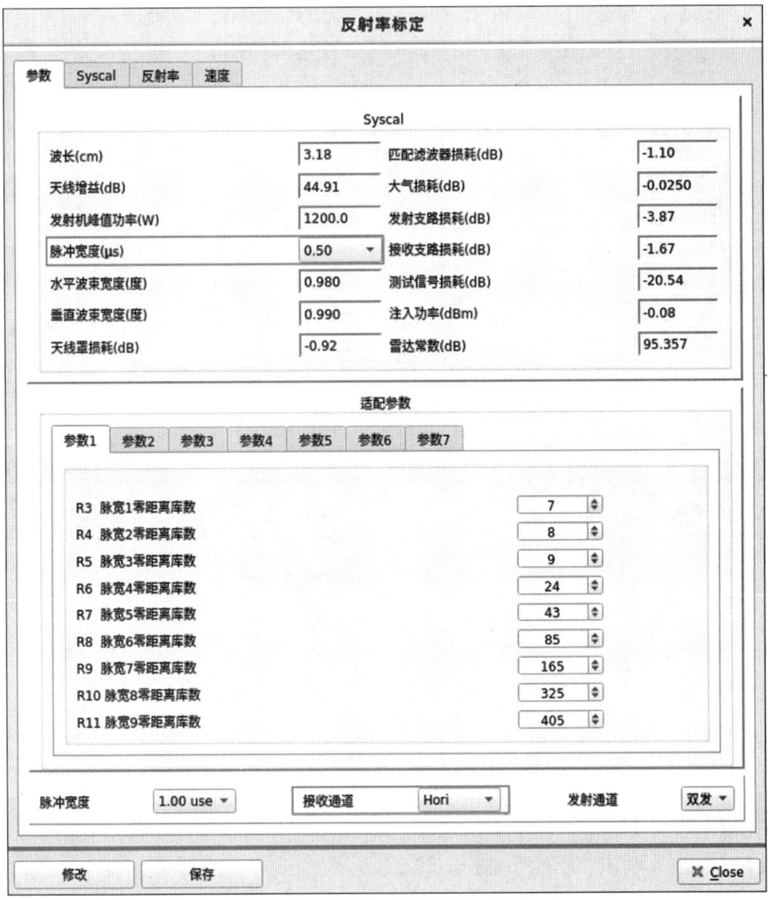

反射率标定
参数
Syscal
反射率
速度
Syscal
波长(cm)
3.18
匹配滤波器损耗(dB)
-1.10
天线增益(dB)
44.91
大气损耗(dB)
-0.0250
发射机峰值功率(W)
1200.0
发射支路损耗(dB)
-3.87
脉冲宽度(μs)
0.50
接收支路损耗(dB)
-1.67
水平波束宽度(度)
0.980
测试信号损耗(dB)
-20.54
垂直波束宽度(度)
0.990
注入功率(dBm)
-0.08
天线罩损耗(dB)
-0.92
雷达常数(dB)
95.357
适配参数
参数1
参数2
参数3
参数4
参数5
参数6
参数7
R3 脉宽1零距离库数
7
R4 脉宽2零距离库数
8
R5 脉宽3零距离库数
9
R6 脉宽4零距离库数
24
R7 脉宽5零距离库数
43
R8 脉宽6零距离库数
85
R9 脉宽7零距离库数
165
R10 脉宽8零距离库数
325
R11 脉宽9零距离库数
405
脉冲宽度
1.00 use
接收通道
Hori
发射通道
双发
修改
保存
Close

图5.5　回波强度标定检验

④在信号源输出设置完毕的基础上再依次衰减−20 dB、−30 dB、−40 dB、−50 dB、−60 dB、−70 dB,测量 6 次,记录数值(图 5.6)。

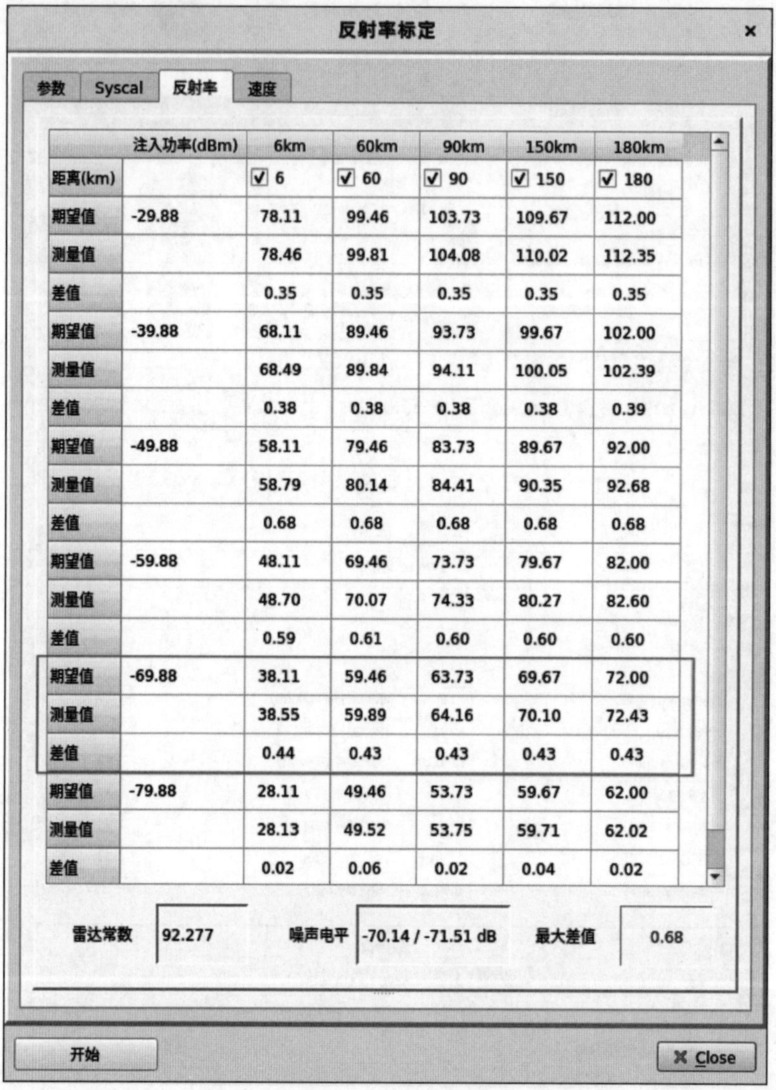

反射率标定   ✕

参数	Syscal	**反射率**	速度

	注入功率(dBm)	6km	60km	90km	150km	180km
距离(km)		☑ 6	☑ 60	☑ 90	☑ 150	☑ 180
期望值	-29.88	78.11	99.46	103.73	109.67	112.00
测量值		78.46	99.81	104.08	110.02	112.35
差值		0.35	0.35	0.35	0.35	0.35
期望值	-39.88	68.11	89.46	93.73	99.67	102.00
测量值		68.49	89.84	94.11	100.05	102.39
差值		0.38	0.38	0.38	0.38	0.39
期望值	-49.88	58.11	79.46	83.73	89.67	92.00
测量值		58.79	80.14	84.41	90.35	92.68
差值		0.68	0.68	0.68	0.68	0.68
期望值	-59.88	48.11	69.46	73.73	79.67	82.00
测量值		48.70	70.07	74.33	80.27	82.60
差值		0.59	0.61	0.60	0.60	0.60
期望值	-69.88	38.11	59.46	63.73	69.67	72.00
测量值		38.55	59.89	64.16	70.10	72.43
差值		0.44	0.43	0.43	0.43	0.43
期望值	-79.88	28.11	49.46	53.73	59.67	62.00
测量值		28.13	49.52	53.75	59.71	62.02
差值		0.02	0.06	0.02	0.04	0.02

雷达常数	92.277	噪声电平	-70.14 / -71.51 dB	最大差值	0.68

开始   ✕ Close

图 5.6　回波强度标定检验测量结果

5.3.1.2　机内信号源测试

测试仪表:信号源。

测试步骤:

①打开 RDASOT 软件,选择“反射率标定”(同上节图 5.4);

②选择通道(同上节图 5.5);

③选择“机内测试”,点击“开始”(图 5.7)。

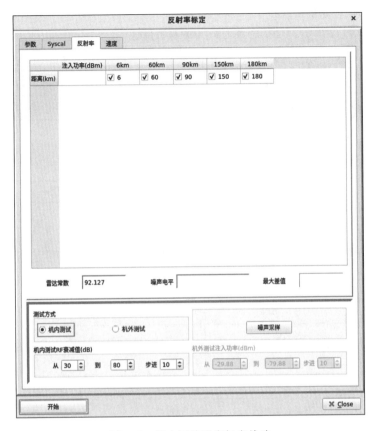

图 5.7 机内回波强度标定检验

5.4 UPS 检查

当市电供电断开时,UPS 不间断电源可通过逆变启动由内置电池组供电,保证设备继续运行,为关机或启动发电机留出后备时间(图 5.8、图 5.9)。

图 5.8 UPS 实物正面图

图 5.9 UPS 实物背面图

UPS接口说明见表5.6。

表5.6　UPS接口说明

序号	名称	说明
1	UPS输入	1路,220 VAC/16A
2	UPS输出	2路,220 VAC/10A

UPS性能指标说明见表5.7。

表5.7　UPS性能指标说明

序号	项目	指标说明
1	输入电压	110~300 VAC
2	输入频率	40~70 Hz
3	输入功因	0.99
4	输出电压	(220±2%)VAC
5	输出功因	0.9(30 ℃)/0.8(40 ℃)
6	过载能力	105%~200%,0.2~47 s
7	额定容量	3 kVA
8	额定功率	2400 W
9	直流启动电压	96 VDC
10	内置电池容量	7 AH
11	内置电池电压	12 VDC/节
12	液晶显示屏	LED
13	电池	阀控式铅酸蓄电池
14	尺寸	438 mm×570 mm×87 mm
15	重量	21.6 kg

5.5　接收机噪声系数测试

5.5.1　机外噪声源测试

外接噪声源测试信号由低噪放前端输入,测试点在终端,从雷达测试平台软件中获取双通道的0.5 μs脉冲和1.0 μs脉冲在4种模式下5次噪声系数测量值的平均值。

使用仪器:频谱仪、噪声源。

测试方法:

①将噪声源尾端连接至频谱仪后端 NOISE SOURCE(图5.10);

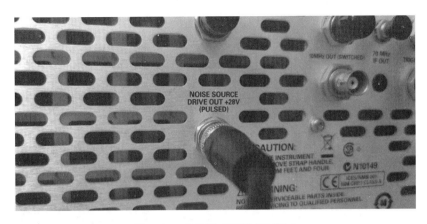

图 5.10　机外噪声系数测试图 1

②噪声头连接低噪放前端(图 5.11);

图 5.11　机外噪声系数测试图 2

③频谱仪点击"Mode",选择 Noise Figure(图 5.12);

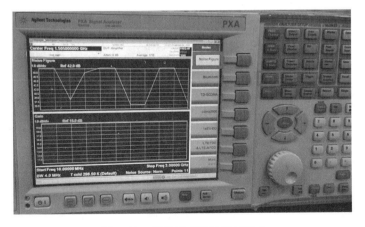

图 5.12　机外噪声系数测试图 3

④点击"Meas Setup"(图 5.13);

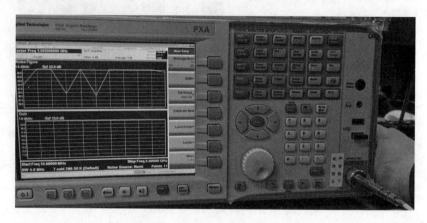

图 5.13　机外噪声系数测试图 4

⑤点击"ENR"(图 5.14);

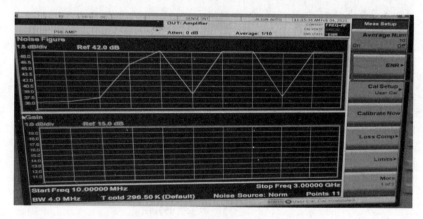

图 5.14　机外噪声系数测试图 5

⑥点击"Noise Source Setup"(图 5.15);

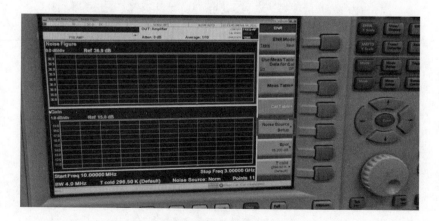

图 5.15　机外噪声系数测试图 6

⑦选择"Noise Source State"（图 5.16）；

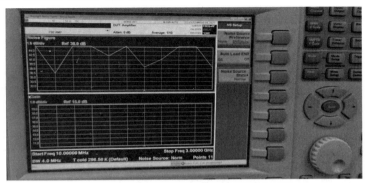

图 5.16　机外噪声系数测试图 7

⑧更改冷热态（On 为热态，Off 为冷态，图 5.17）；

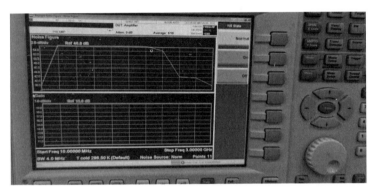

图 5.17　机外噪声系数测试图 8

⑨在 RDASOT 软件中选择"噪声系数"选项（图 5.18）；

图 5.18　机外噪声系数测试图 9

⑩选择"冷态",此时频谱仪为 Off 状态;ENR 与噪声源一致(图 5.19、图 5.20);

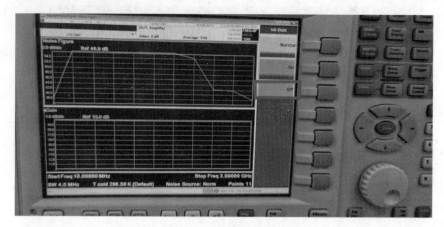

图 5.19 机外噪声系数测试图 10

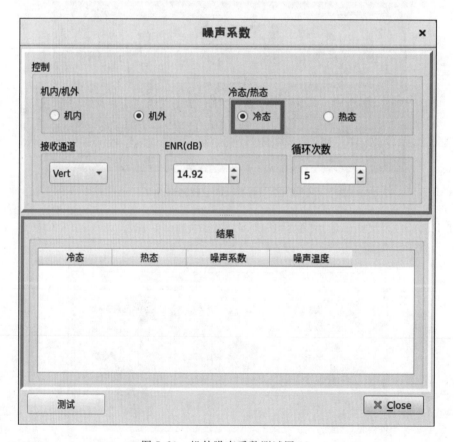

图 5.20 机外噪声系数测试图 11

⑪点击"测试",得出数据;

⑫切换热态,此时频谱仪显示为 On,读值(图 5.21、图 5.22)。

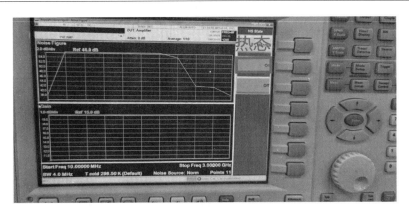

图 5.21　机外噪声系数测试图 12

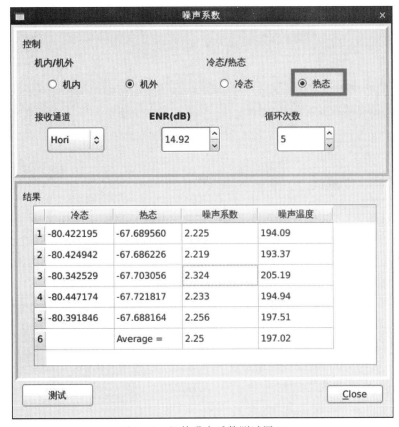

图 5.22　机外噪声系数测试图 13

5.5.2　机内噪声源测试

测试步骤：

①打开 RDASOT 软件，选择"噪声系数"选项（图 5.20）；

②调节 ENR 值，使机内机外测试数据一致（以机外噪声系数为准），选择"机内"，选择通道，点击"测试"（图 5.23）。

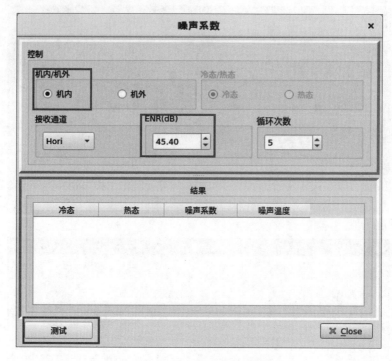

图 5.23 机内噪声系数测试图

5.6 接收机灵敏度测试

当接收机无输入(外接信号源无输出)时,在终端获取输出的噪声电压或噪声电平,再将外接信号源射频信号(脉冲信号)注入接收机前端,逐渐增大其信号功率,当终端输出的电压幅度为 1.4 倍噪声电压时或噪声电平增加 3 dB 时,注入接收机的测试信号功率为接收机的最小可测功率。测试时获取双通道的 1.0 μs 脉冲和 0.5 μs 脉冲 4 种模式下测量值。

测试设备:信号源、网线、测试电缆。

测试方法:外接信号源。

①断开 H 或者 V 通道低噪声放大器与无源限幅器的连接处,用 SMA 测试线缆将信号源输出接入 H 或者 V 通道低噪声放大器的输入端,然后用网线将 RDA 计算机与信号源连接起来,查询仪表的 IP 地址,仪器 IP 地址路径为:Utility→GPIB/RS-232→LAN Setup→IPAdress。然后将 RDA 计算机的 IP 地址设置为与仪器同一网段;

②设置 RDA 计算机中 IP 地址(图 5.24);

③得到如下菜单,鼠标双击网口设置(图 5.25);

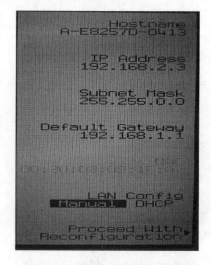

图 5.24 接收机灵敏度测试图 1

图 5.25　接收机灵敏度测试图 2

④点击"IPv4"(图 5.26);

图 5.26　接收机灵敏度测试图 3

⑤设置 IP 地址与仪器同一网段,然后点击"应用",应用网络设置(图 5.27);

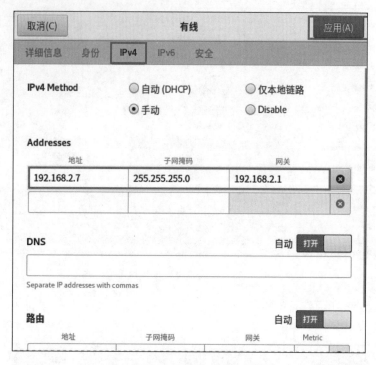

图 5.27　接收机灵敏度测试图 4

⑥打开 RDASOT,鼠标点击"参数设置"(图 5.28);

图 5.28　接收机灵敏度测试图 5

⑦在弹出的对话框中设置如下:首先将"信号源控制"的对勾选中,然后输入仪器的 IP 地址和雷达工作的频点及测试电缆的损耗,保存后退出(图 5.29);

图 5.29　接收机灵敏度测试图 6

⑧用 BNC 线缆连接发至信号源(图 5.30);

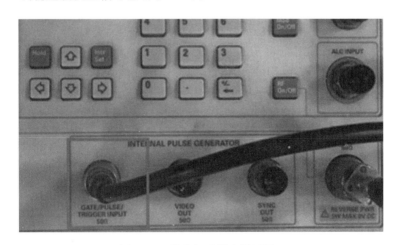

图 5.30　接收机灵敏度测试图 7

⑨点击"信号源控制"及"脉冲控制",如图 5.31 所示,其中脉冲宽度根据所测宽带、脉冲填写;

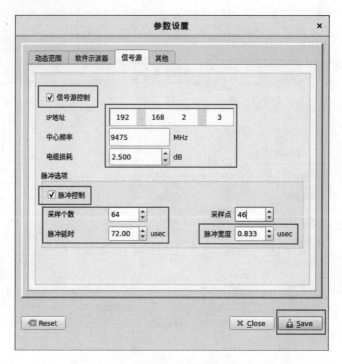

图 5.31　接收机灵敏度测试图 8

⑩打开"灵敏度",测试方式选择机外,注入功率改为−108 dBm,接收通道选择信号源输出所接的通道,此处为 V 通道。点击按钮"噪声采样",此时信号源输出大小为之前设置的线损大小(图 5.32);

图 5.32　接收机灵敏度测试图 9

⑪关闭"灵敏度"窗口,选择"软件示波器",设置图 5.33,点击"开始"。如图 5.34 所示,从回波的图形上看到 11.5 km 处回波强度最大,则采样点＝11.5 km×4＝46 km(1 km 包含 4 个库);

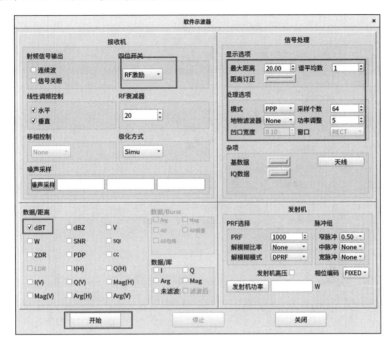

图 5.33　接收机灵敏度测试图 10

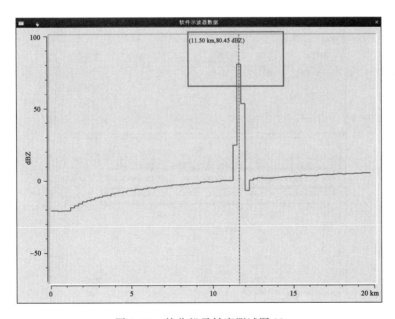

图 5.34　接收机灵敏度测试图 11

⑫关闭"软件示波器",打开"参数设置",将采样点改为 46,点击"save"后退出(图 5.35);

⑬打开"灵敏度",点击 1 号区域"噪声采样"按钮,得出 2 号区域噪声电平为－80.10 dB,在 3 号区域输入优于指标的注入功率,点击 4 号区域"测试"按钮,得出 5 号区域大于噪声电平

3 dB 时的最小信号可测功率。如图 5.36 所示，—111 dBm 是接收机宽带 V 通道最小可测信号功率；

图 5.35　接收机灵敏度测试图 12

图 5.36　接收机灵敏度测试图 13

⑭窄带测试方法与上述步骤一致；H 通道，将信号源输出接到 H 通道场放输入端后，测试步骤与上述一致。

5.7　接收机动态范围测试

5.7.1　机外信号源测试

接收机线性动态特性测试时将信号源（机外或机内信号源）产生的连续波测试信号，由接收机前端输入，在终端获取信号的输出数据。改变输入信号的功率，测试系统的输入输出特性。

测量设备：信号源、网线、测试电缆。

测试方法：网线连接及设置方法、射频信号连接与外界信号源测试噪声系数设置方法相同，无须连 BNC 线缆。

在 RDASOT 软件中选择"动态范围"（图 5.37），可以看到动态范围测试的对话框（图 5.38），在图表类型中选 dB（图 5.39）。

图 5.37　机外动态范围测试图 1

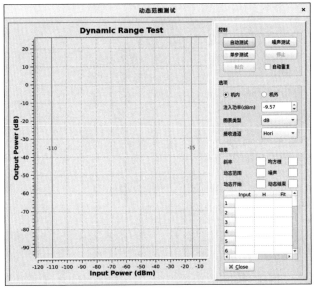

图 5.38　机外动态范围测试图 2

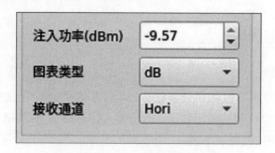

图 5.39　机外动态范围测试图 3

选择"通道""机外",然后点击"自动测试",则 RDA 计算机控制信号源自动完成机外动态的测试(图 5.40)。

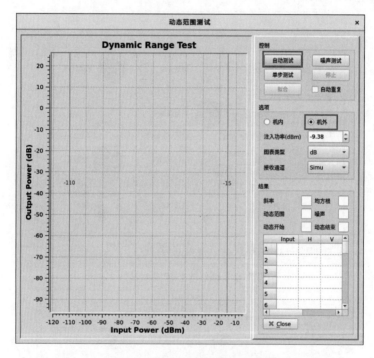

图 5.40　机外动态范围测试图 4

5.7.2　机内信号源测试

用机内信号源测量接收机动态特性做机内动态时,选 dB、机内,然后点击"自动测试"(图 5.41)。

5.8　发射机脉冲包络测试

测试发射机输出射频脉冲包络的宽度(τ)、上升沿(τ_γ)、下降沿(τ_f)和顶部降落(δ),各参数定义如下。

包络宽度(τ):脉冲包络前、后沿半功率点(0.707 电压点)之间的时间间隔。如脉冲包络的平顶幅度为 U_m,从脉冲前沿 $0.7U_m$ 到后沿 $0.7U_m$ 的时间间隔为脉冲宽度,单位为微秒(μs)。

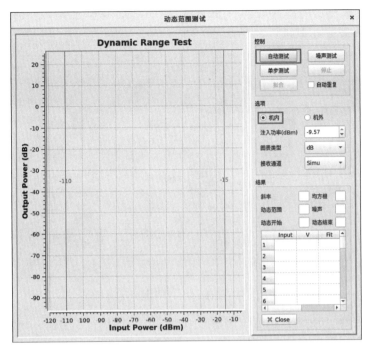

图 5.41　机内动态范围测试图

上升时间(τ_γ)：从脉冲前沿 $0.1U_m$ 到前沿 $0.9U_m$ 的时间间隔为脉冲上升沿时间，单位为纳秒(ns)。

下降时间(τ_f)：从脉冲后沿 $0.9U_m$ 到后沿 $0.1U_m$ 的时间间隔为脉冲下降沿时间，单位为纳秒(ns)。

顶降(δ)：如脉冲包络的最大幅度为 U_{max}，那么 $\delta=(U_{max}-U_m)/(2U_m)\times100\%$，单位为百分数(%)。

测试设备：示波器、检波器、10 dB 衰减器、BNC 线。

测试步骤：

①测试前确保在发射机输出端接有 10 dB 固定衰减器(图 5.42)；

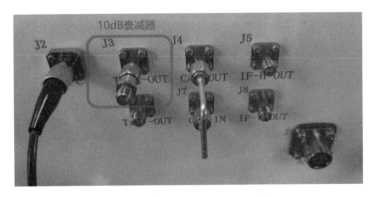

图 5.42　发射机脉冲包络测试图 1

②在 RDA 计算机上运行 RDASOT 软件程序,弹出图 5.43 所示对话框,点击"软件示波器"按钮,最终显示发射机测试;

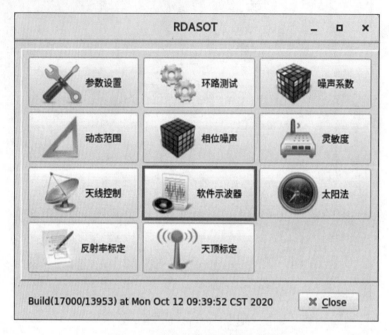

图 5.43　发射机脉冲包络测试图 2

③在图 5.44 中选择四位开关(OFF),不勾选连续波,勾选发射机高压,选择脉冲重复频率(PRF)、宽脉冲、窄脉冲,再次检查后,点击"开始"按钮;

图 5.44　发射机脉冲包络测试图 3

④测试线缆一端接 10 dB 固定衰减器,另一端接检波器,用 BNC 线缆连示波器(图 5.45、图 5.46);

图 5.45　发射机脉冲包络测试图 4

图 5.46　发射机脉冲包络测试图 5

⑤测试线缆连接三通(图 5.47);

图 5.47　发射机脉冲包络测试图 6

⑥示波器设置：

a. 按下"Autoset"键（图5.48）；

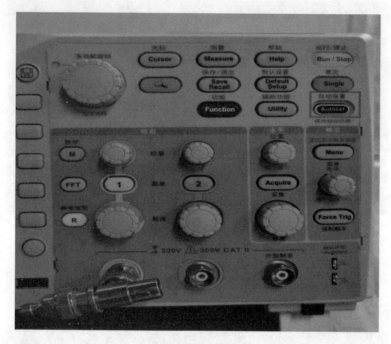

图5.48　发射机脉冲包络测试图7

b. 旋转采集旋钮（图5.49）；

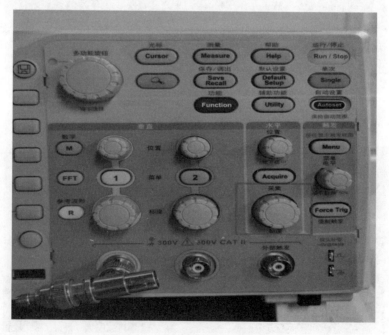

图5.49　发射机脉冲包络测试图8

c.选择通道对应数字按钮,选择反向开启(图 5.50);

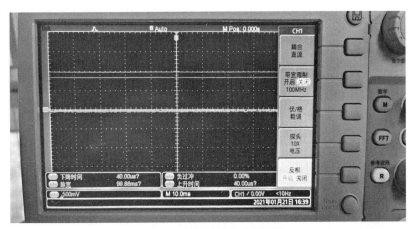

图 5.50　发射机脉冲包络测试图 9

d.选择 CH1、CH2,勾选上升时间、下降时间脉宽(图 5.51);

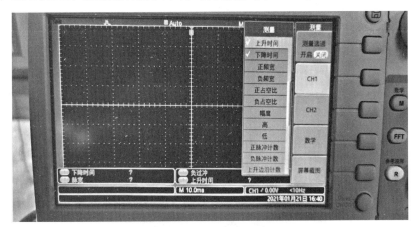

图 5.51　发射机脉冲包络测试图 10

e.选择幅度(图 5.52);

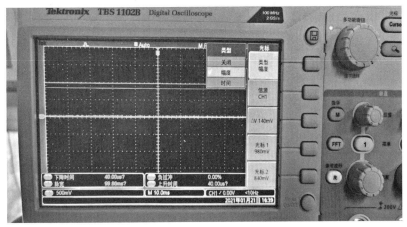

图 5.52　发射机脉冲包络测试图 11

f.移动光标1、光标2(图5.53);

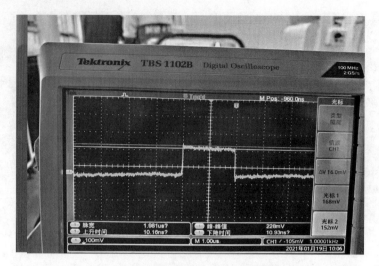

图5.53 发射机脉冲包络测试图12

g.记录脉宽、上升时间、下降时间,计算顶降(图5.54)。

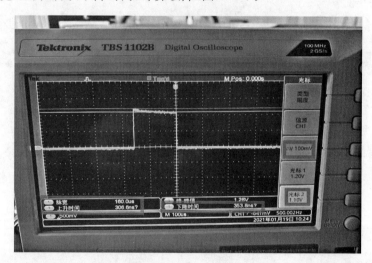

图5.54 发射机脉冲包络测试图13

5.9 发射机频谱测试

测试发射脉冲射频频谱,从频谱图中读出距离中心频率频谱线不同衰减量对应的左频偏和右频偏数据,计算谱宽。

使用仪器:频谱仪。

测试方法:

①将发射机测试线缆通过10 dB固定衰减器直连至频谱仪输入端,另外一段接入收发箱J3口。首先设置频点,点击"Freq/Channel"(图5.55);

②数字键盘区输入本机频点,点击屏幕右侧按钮确认单位(图5.56);

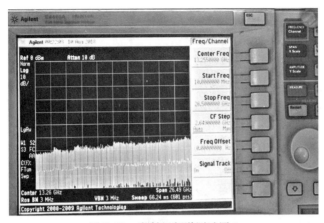

图 5.55　发射机频谱测试图 1

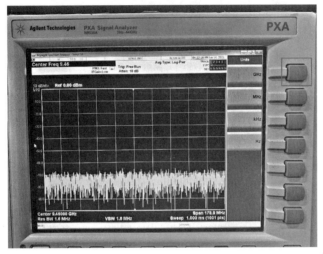

图 5.56　发射机频谱测试图 2

③点击"SPAN X Scale"输入 200 MHz(图 5.57);

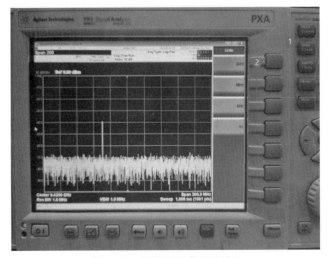

图 5.57　发射机频谱测试图 3

④点击"BW",输入 30 kHz 解析带宽(图 5.58);

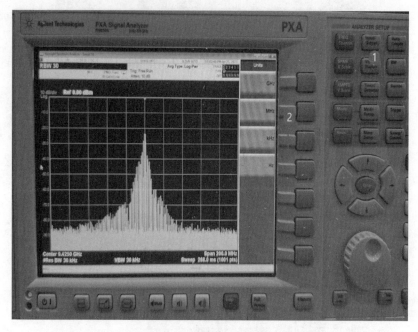

图 5.58　发射机频谱测试图 4

⑤点击 1 号按钮"Sweep/Control",数字键盘输入 1,单位选择 2 号按钮 S,设置扫描时间为 1 s(图 5.59);

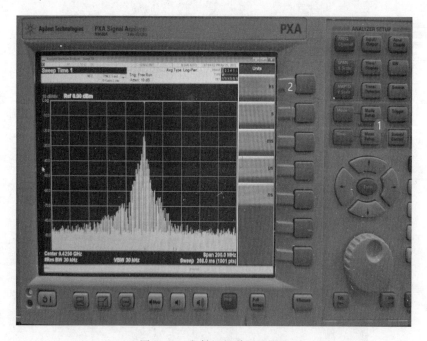

图 5.59　发射机频谱测试图 5

⑥点击 1 号按钮"Trace/Detector",选择 2 号按钮"Max Hold"(图 5.60);

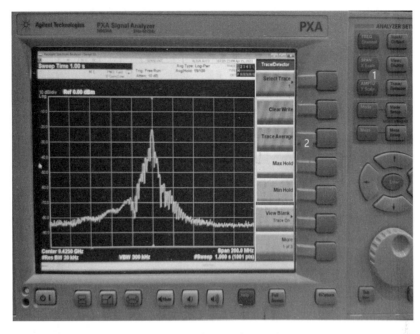

图 5.60　发射机频谱测试图 6

⑦依次点击"Peak Search"→"Marker"→"Normal"→"Delta"。旋动旋钮即可读出相应点的频谱，左频偏−50 dB、右频偏−50 dB 截图，左右两边−10～50 dB 范围内，每间隔 10 dB 记录数据（图 5.61）。

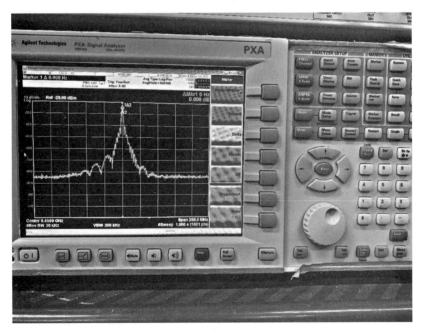

图 5.61　发射机频谱测试图 7

5.10　发射机功率测试

用外接仪表(大功率计或小功率计)及机内功率检测装置对不同工作比时的发射机输出功率进行测量。发射机输出功率≥200 W;机外仪表测量不同脉冲宽度和重复频率下发射机输出峰值功率波动≤0.3 dB;24 h 连续考机运行期间机内功率计测量发射机输出峰值功率波动≤0.3 dB,机内与机外功率测量差值优于-0.2～0.2 dB。

指标要求:输出峰值功率平均值≥200 W、输出峰值功率波动≤0.3 dB、机内外输出峰值功率最大差值≤0.2 dB。

测试仪器:功率计、衰减器。

测试流程:

①收发箱 J3 输出口接 10 dB 衰减(图 5.62);

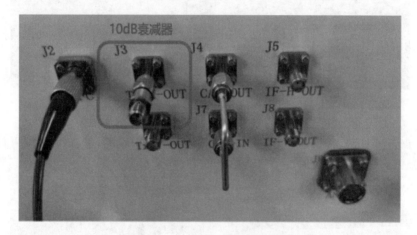

图 5.62　发射机功率测试图 1

②功率计探头连接 10 dB 衰减器(图 5.63);

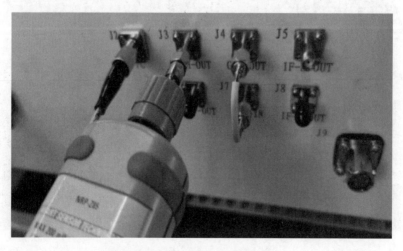

图 5.63　发射机功率测试图 2

③功率计探头另一端 USB 接入电脑 USB 口(图 5.64)；

图 5.64　发射机功率测试图 3

④打开 Power Viewer 软件(图 5.65)；

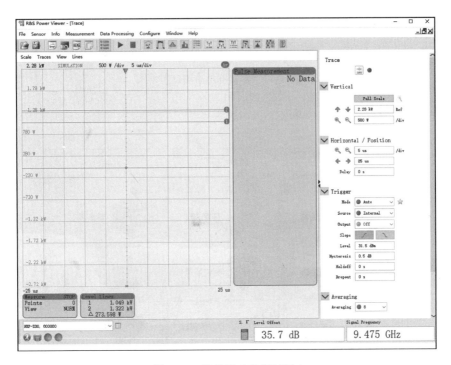

图 5.65　发射机功率测试图 4

⑤更改损耗、中心频率(图 5.66)；

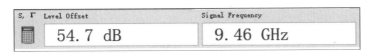

图 5.66　发射机功率测试图 5

⑥调整参数(图 5.67);

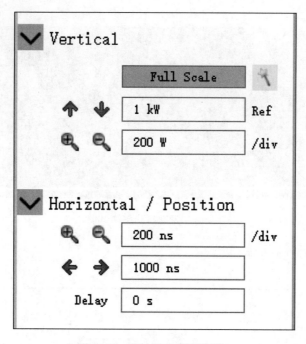

图 5.67　发射机功率测试图 6

⑦打开 RDASOT 软件(图 5.68);

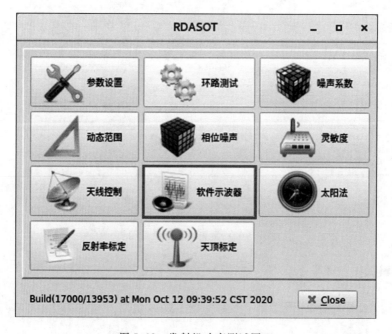

图 5.68　发射机功率测试图 7

⑧点击软件示波器,选择相应参数(图 5.69);

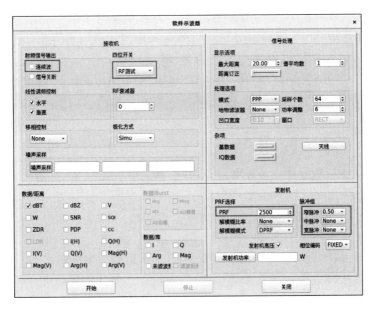

图 5.69　发射机功率测试图 8

⑨打开 Power Viewer 软件,点击启动按钮(图 5.70);

图 5.70　发射机功率测试图 9

⑩读取,计数(图 5.71)。

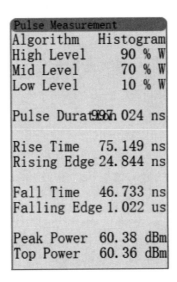

图 5.71　发射机功率测试图 10

测试数据及计算结果中：F 为脉冲重复频率；τ 为发射脉冲宽度；$P_{t外}$ 和 $P_{t内}$ 分别为机外和机内发射机输出峰值功率；$\overline{P_{t外}}$ 和 $\overline{P_{t内}}$ 分别为机外和机内发射机输出峰值功率平均值；$\Delta P_{外}$ 和 $\Delta P_{内}$ 分别为机外和机内发射机输出峰值功率波动，其中 $\Delta P_{外}=10\lg(P_{t外\max}/P_{t外\min})$，$\Delta P_{内}=10\lg(P_{t内\max}/P_{t内\min})$；$\Delta P_1$ 为机外、机内发射机输出峰值功率测量差值，其中 $\Delta P_1=|P_{t外}-P_{t内}|$；$\Delta P_2$ 为机外、机内发射机输出峰值功率测量最大差值，其中 $\Delta P_2=\max(\Delta P_1)$。

5.11　发射机极限改善因子测试

用频谱分析仪检测信号功率谱密度分布，从中测试信噪比（SNR）、杂噪比，计算出极限改善因子 I。

极限改善因子 I 计算方法如下：

$$I=SNR+10\lg B-10\lg F \tag{5.2}$$

式中，SNR 为信噪比；B 为频谱分析仪分析带宽；F 为发射脉冲重复频率。

发射机输出端极限改善因子及杂噪比测试：对雷达高脉冲重复频率（2000 Hz 左右）和低脉冲重复频率（1000 Hz 左右）时的发射机输出极限改善因子分别进行测试计算。

测量仪表：频谱仪。

计算公式：

$$I=S/N+10\lg B-10\lg F \tag{5.3}$$

式中，I 为极限改善因子；S/N 为信号噪声比；B 为频谱分析仪分析带宽；F 为发射脉冲重复频率。

测试流程：

①设置频点，点击"FREQ Channel"（图 5.72）；

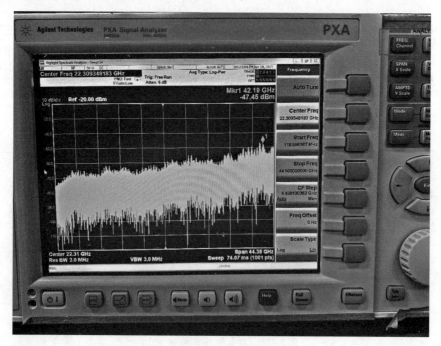

图 5.72　发射机极限改善因子测试图 1

②数字键盘区输入本机频点,点击屏幕右侧按钮确认单位(图 5.73);

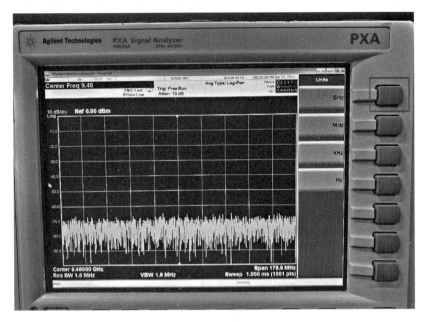

图 5.73　发射机极限改善因子测试图 2

③点击"SPAN X Scale"(图 5.74);

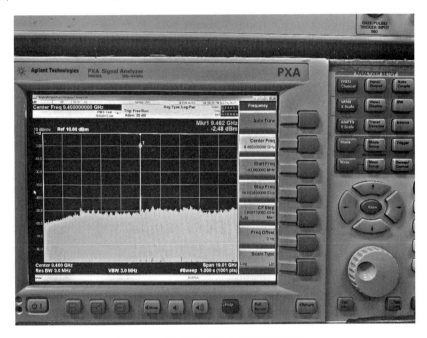

图 5.74　发射机极限改善因子测试图 3

　　④重复频率 644 Hz 设置为 1 kHz,重复频率 1282 Hz 设置为 2 kHz。数字键盘区域输入数值,屏幕右侧按钮选择单位(图 5.75);

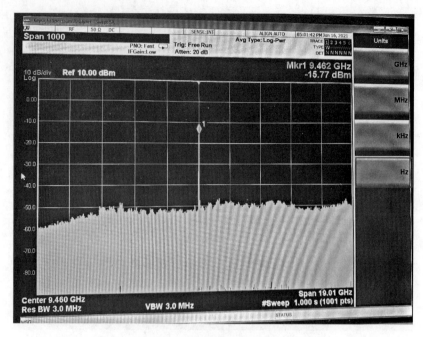

图 5.75　发射机极限改善因子测试图 4

⑤点击"AMPTD Y Scale",使用旋钮将图形调整到达合适位置(图 5.76);

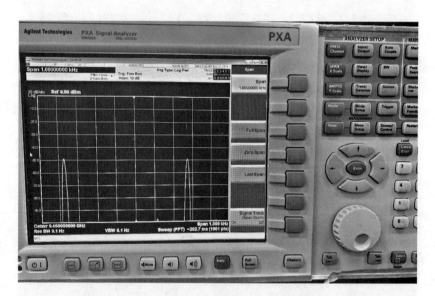

图 5.76　发射机极限改善因子测试图 5

⑥再次点击"FREQ Channel",通过旋钮调整中心频点的位置(图 5.77);

⑦点击"BW"(图 5.78)。

⑧数字键盘输入 3 Hz 解析带宽(图 5.79);

⑨点击"Enter",屏幕出现图 5.80 所示画面;

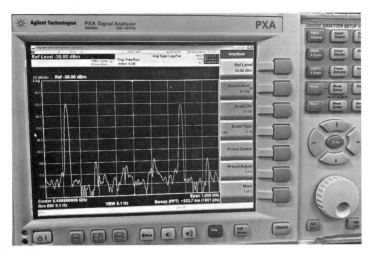

图 5.77　发射机极限改善因子测试图 6

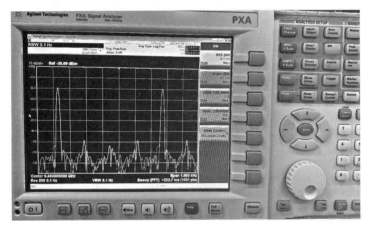

图 5.78　发射机极限改善因子测试图 7

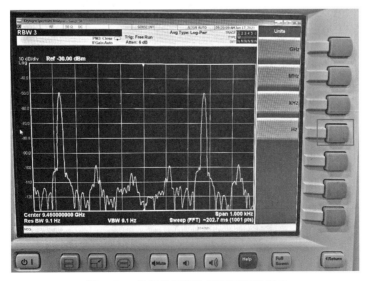

图 5.79　发射机极限改善因子测试图 8

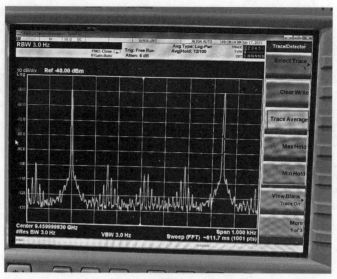

图 5.80 发射机极限改善因子测试图 9

⑩点击"Peak Search"(图 5.81);

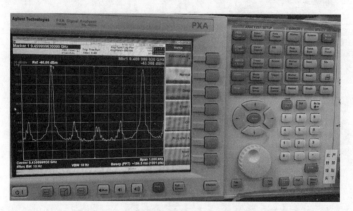

图 5.81 发射机极限改善因子测试图 10

⑪点击"Maker"(图 5.82);

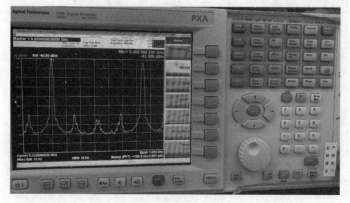

图 5.82 发射机极限改善因子测试图 11

⑫屏幕右侧点击按钮,选择"Delta"(图 5.83);

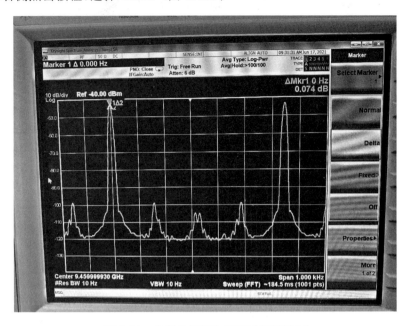

图 5.83　发射机极限改善因子测试图 12

⑬输入"1/2 PRF"的数值,查看信噪比(图 5.84);

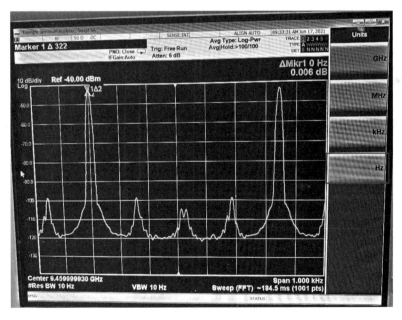

图 5.84　发射机极限改善因子测试图 13

⑭结果如图 5.85,S/N 为 66.691 dB;

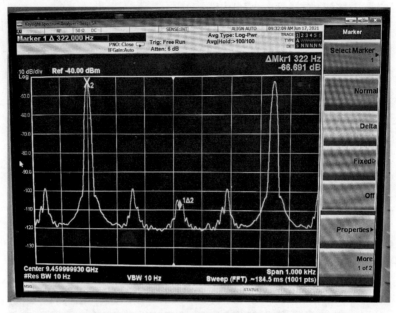

图 5.85　发射机极限改善因子测试图 14

⑮发射机输入端极限改善因子测量测试方法同上,但是测量点的位置改为 J13,如图 5.86 所示。

图 5.86　发射机极限改善因子测试图 15

第6章
CINRAD/XA-SD 双偏振多普勒天气雷达
故障类型、关键测试点及故障分析

6.1 发射分系统故障检测及分析

6.1.1 发射分系统关键测试点

一般发射分系统关键测试点包括发射机发射频率、发射机功率、发射机包络、发射机频谱特性、发射机信噪比测试。发射机指标测试可在收发箱 J3(TX_OUT)测试口进行测试,测试口耦合比会标注在发射机侧面,测试时需要在测试口加固定衰减器,以保证仪器仪表安全(图6.1)。

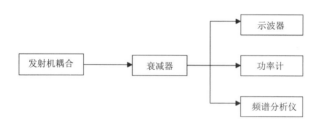

图 6.1　发射分系统测试流程

6.1.2 CINRAD/XA-SD 双偏振多普勒天气雷达工作频率异常

测量发射机工作频率,可用频谱仪进行测试,频谱仪需要使用 X 波段频谱仪。测试前,仪器仪表、收发箱需要开机预热 30 min,让待测的仪器仪表和雷达发射机工作稳定之后进行测试。确保雷达发射机输出口已经接上天馈线或者功率负载后,可以开始测试。软件上面设置好雷达工作频点、发射脉宽、发射重频等参数之后,开启发射机,将发射机耦合信号接入频谱仪,接入频谱仪之后,频谱仪上设置雷达工作的中心频点,扫频带宽(SPAN)设置 25 kHz,分辨率带宽(Resolution Band Width,RBW)设置为自动,即可显示雷达发射频谱,测试参考波形如图6.2。

若测得的频率与设定的雷达工作频率不符,则说明发射分系统故障。

6.1.3 CINRAD/XA-SD 双偏振多普勒天气雷达峰值功率异常

测量发射机峰值功率,可用功率计进行测试,例如 Z81 或者其他 X 波段功率计。测试前,收发箱需要开机预热 30 min,让待测雷达发射机工作稳定之后进行测试。确保雷达发射机输出口已经接上天馈线或者功率负载后,可以开始测试。此处实例使用的是 Z81 功率计,以下将按照 Z81 功率计测试方法进行介绍,如使用其他功率计,则参考其他功率计的实际使用方法进行测量。将发射机耦合信号接入功率计,功率计上设置收发箱对应的耦合比,雷达工作中

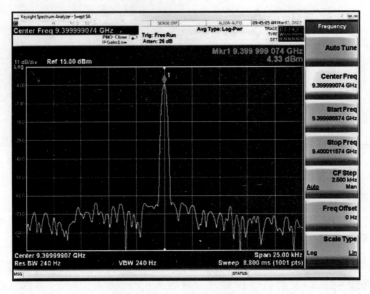

图 6.2　雷达工作频率测试图

心频率,调整垂直的参考值为130 dBm,/div 值为 20 dB,水平/位置值为 2 μs/div,触发模式值:自动,触发水平值:39.92 dBm。测试参考波形如图 6.3。

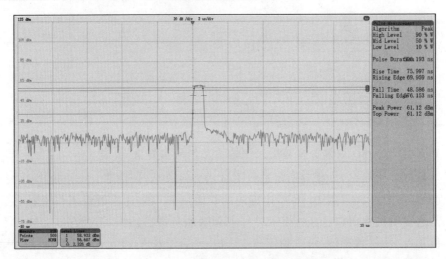

图 6.3　发射机峰值功率测试图

若测得的发射机峰值功率与正常雷达峰值功率值相差过远,则说明发射分系统存在故障。

6.2　接收分系统故障检测及分析

6.2.1　接收分系统关键测试点

一般接收分系统关键测试点包括机外噪声系数测试、机内噪声系数测试、机外动态范围测试、机内动态范围测试。接收分系统机内指标测试可在 RDA 软件上直接进行,接收分系统机外指标测试在低噪放主通道段接噪声源或者信号源进行测试。

6.2.2　CINRAD/XA-SD 双偏振多普勒天气雷达噪声温度异常

　　用机内噪声源测试噪声系数是通过系统内置的噪声源进行测试,终端控制噪声源开启和关闭,选通标定内部的四位开关,选择噪声通道进行噪声输出,从雷达测试平台软件可直接进行测试。机内超噪比一般是利用雷达机外噪声系数标定的,标定好后不能轻易更改。图 6.4、图 6.5 为机内噪声系数测试截图。

图 6.4　H 通道机内噪声系数测试图

图 6.5　V 通道机内噪声系数测试图

噪声系数测试主要考察整个接收通道对噪声系数的恶化程度。若测得机内噪声系数异常,则可能是接收分系统存在问题,还需要进行机外噪声测试。

机外噪声系数测试使用机外噪声源进行噪声注入,噪声源通过 BNC 线缆连接于噪声表或者频谱仪后部+28 V 噪声源供电口,噪声源接在低噪放主通道的输入端,可在仪器上面设置冷热噪声切换,实现机外噪声系数测量。测量步骤为先关断噪声源,软件 ENR 超噪比按照噪声源实测超噪比设置,软件采集收发箱底噪为冷态数据采集,打开噪声源开关,开启噪声源,噪声源输入噪声,软件方面再采集热态。雷达终端会通过冷热噪声采集,自动计算出系统噪声系数。图 6.6、图 6.7 为机外噪声系数测试截图。

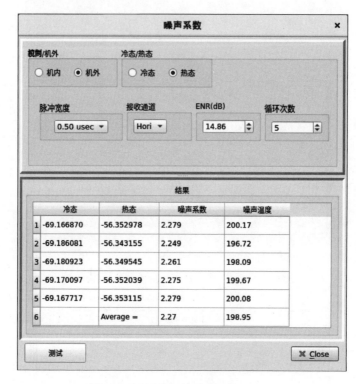

图 6.6　H 通道机外噪声系数测试图

若测得机外噪声系数异常,则说明接收分系统存在故障。

6.2.3　CINRAD/XA-SD 双偏振多普勒天气雷达机内动态范围变差

机内动态范围测试,由雷达终端控制频率源输出连续波信号,经过 4 位数控开关选通,经过标定功分器注入低噪放标定测试接口。经过低噪放、接收机下变频、信号处理器等整个接收通道,进行接收通道机内动态标定(图 6.8、图 6.9)。

动态范围测试主要考察接收系统线性度,若机内动态范围变差,则说明 CINRAD/XA-SD 双偏振多普勒天气雷达接收系统线性度变差(接收系统指从雷达的接收机前端,经接收支路、信号处理器到终端)。系统动态特性的测量采用信号源产生的信号,由接收机前端注入(机外信号源),在数据终端读取信号的输出数据。改变输入信号的功率,测量系统的输入输出特性。动态范围测试主要指标包括斜率、均方根误差、动态范围。图 6.10、图 6.11 为机外动态范围测试截图。

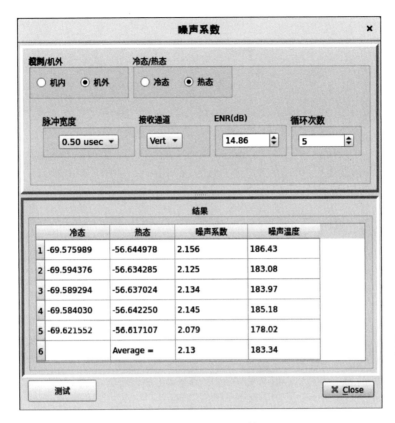

图 6.7　V 通道机外噪声系数测试图

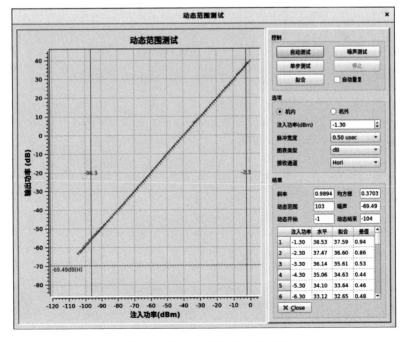

图 6.8　机内 H 通道动态测试图

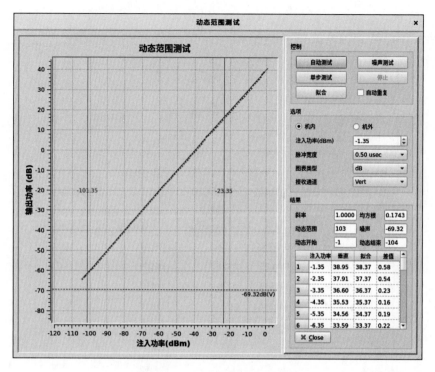

图 6.9　机内 V 通道动态测试图

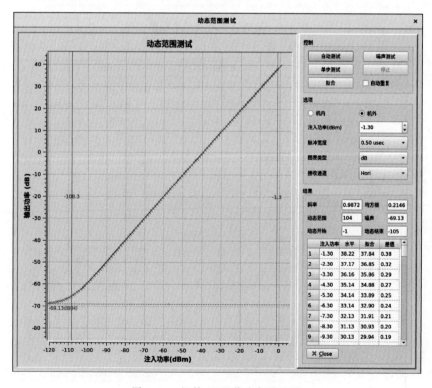

图 6.10　机外 H 通道动态测试图

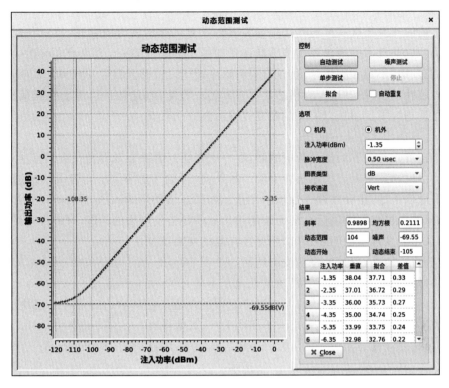

图 6.11　机外 V 通道动态测试图

　　若测得机外动态范围也变差,则说明接收分系统存在故障。

6.3　伺服分系统故障检测及分析

6.3.1　伺服分系统关键测试点

　　(1)实时数据出现问题,数据有跳变

　　当出现这问题,首先看驱动器与控制板的通信是否是正常的,看控制板驱动器的通信最直观地看控制板的拓展板的串口 RS232 上面的 2 个指示灯的闪烁是否正常。在拓展板的串口 232 处有 2 个灯:RXD 和 TXD,如果控制板和驱动器的通信正常,2 个灯会在固定的频率区间内一起闪烁一下,然后重复,如果出现 1 个灯闪烁而另 1 个灯不闪烁,则说明通信不正常。在通信不正常的情况下就会出现数据跳变的问题,解决方法:首先将驱动器的 JP3 上对插的 3 根线紧固一下,看是否因为长时间转动导致这 3 根线与驱动器的连接有松动,如果固定好了,可以通过抹硅胶或者是后期让驱动器厂家进行更新来解决固定不牢的问题;第二步需要看拓展版的串口 232 是否插紧,如果有松动,会导致 1 个灯亮而另 1 个灯不亮的情况,也可能导致 2 个灯都不闪烁,说明通信不好。

　　(2)控制板烧毁问题

　　目前的控制板有可能因为长时间的转动或者震动导致插件松动,如果 2 个插件之间产生接触一起会导致短路烧毁,也有可能因为设备长时间在室外导致内部进水汽,内部潮湿导致控制板损坏。如果能使用集成端子似的控制板,就既利于更换,也利于控制板的保护。

（3）温度传感器有问题

很早之前的产品批次有可能存在温度传感器没有试验就发货的情况，导致在现场温度传感器不能用。以前批次的转台温度传感器连接的是 IN1 端子，在这个端子之前连接了光格芯片，这个只能发送、不能接收信号，所以需要将这个端子之前的光格芯片焊掉。目前，为了不改变控制板的芯片，直接跳过这个光格芯片焊接到核心板上面，这样可以保证控制板的一致性，不会因为在现场换了控制板以后出现温度传感器失效的状况。

（4）转台出现无故停止的问题

无故停止首先是看驱动器是否报故障，在一次停止问题中驱动器报过载的错误，后发现原因是减速器生锈导致转台方位电机转不动。另外，也可以考虑驱动器与控制板的通信是否是好的。如果通信不好，也会在调速过程中停止。如果通信是好的，需要再看驱动器和控制板的好坏，部分驱动器出现问题以后也会无故停止。如果是常发性质的问题，可以在现场看驱动器的状态；如果是偶发性质的问题，可以先更换好的模块来验证。

（5）转台可以转动，但是上位机没有返回

出现这样的问题，首先看 422 模块的通信是不是好的，如果出现 T＋、T－ 和 R＋、R－ 的接线反了，就会出现可以通信成功，但是没有返回的问题。在转台内部的 422 模块上面，端子上的标示和实际接线是反的，也就是 T＋接到 R＋，其他依次。

6.3.2　角码传输通道

当界面显示角度异常，如角度跳变、角度停止转动但实际转台在动或者彻底没有角度返回等情况时，说明角度传输通道出现问题。首先，检查电气线路，查看是否线路松动导致；其次，检查光编直接返回数据处理是否正常。如果无问题，可能是控制板数据接收口损坏。

6.3.3　速度控制通道

发现转台转动速度与实际下发速度不一致，可能是控制下发驱动器的脉冲频率不对导致，也可能是驱动器损坏。

6.3.4　驱动电机

驱动器控制电机转动是否正常，驱动器是否报错。

驱动器常见报警信号见表 6.1。

表 6.1　驱动器常见报警信号

报警代码	报警名称	报警含义
A. C90	编码错误	此错误表示电机编码链路出现问题，先检测编码器插头是否牢固，再确认线路是否有问题
A. 910	过载警告	报此错误之后会变为 A. 710 或者 A. 720 警告
A. 710	瞬时过载	—
A. 720	连续过载	这几个过载警告都是电机负载过载导致，查看是否负载超过限定值或者电机安装是否有问题

6.4　信号处理分系统故障检测及分析

6.4.1　信号处理器关键测试点

　　一般信号处理器关键测试点包括 DDS 波形测试、DDS 功率测试、DDS 信噪比测试。测试 DDS 的波形和功率可用 Z81 功率计同时进行,接收分系统机内指标测试可在 RDA 软件上直接进行,DDS 信噪比测试可在信号处理器的 DDS 口接频谱仪进行测试。

6.4.2　CINRAD/XA-SD 双偏振多普勒天气雷达的脉冲包络波形异常

　　DDS 的输出波形会直接影响雷达脉冲包络的波形,同时如果 DDS 的输出功率过小,同样也会导致雷达脉冲包络异常。测量 DDS 波形和功率可使用功率计,例如 Z81 或者其他 X 波段功率计。此处实例使用的是 Z81 功率计,以下将按照 Z81 功率计测试方法进行介绍,如使用其他功率计,则参考其他功率计的实际使用方法进行测量。将 DDS 信号接入功率计,设置信处输出 DDS 的工作中心频率,调整垂直的参考值为 130 dBm,/div 值为 20 dB,水平/位置值为 2 μs/div,触发模式值:自动,触发水平值:−6.4 dBm。测试参考波形见图 6.12。

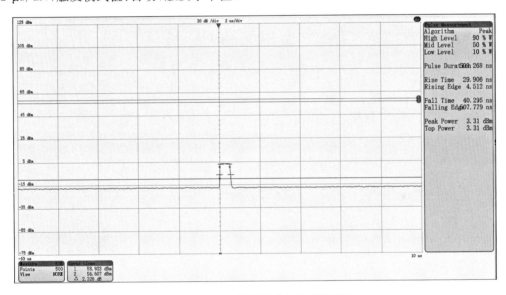

图 6.12　DDS 输出波形和功率图(J1)

6.4.3　CINRAD/XA-SD 双偏振多普勒天气雷达底噪、信噪比异常

　　DDS 输出信噪比可考察 DDS 信号相位稳定度。如果 DDS 相位不稳,会出现底噪抬高、信噪比过低等现象。测量 DDS 信号信噪比可使用频谱仪,频谱仪可以使用 X 波段频谱仪。测试前,仪器仪表、收发箱需要开机预热 30 min,让待测的仪器仪表和信号处理器工作稳定之后进行测试。软件上面设置好雷达工作频点、脉宽、重频等参数之后,开启发射机,将发射机耦合信号通过射频同轴电缆接入频谱仪,接入频谱仪之后,频谱仪上设置信号处理器工作的中心频点,SWEEP 设置为 1 s,SPAN 设置重复频率的 2 倍,RBW 设置为 3 Hz。PEAK 到最高点之后,MARKDELTA 输入重频的一半,即可显示 DDS 信号信噪比。测试参考波形见图 6.13。

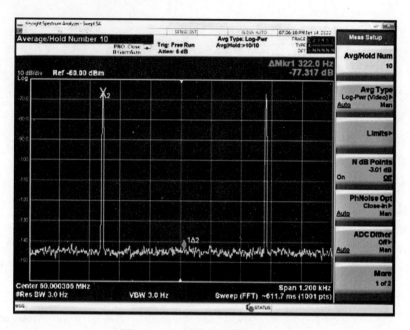

图 6.13　DDS 输出信噪比图(J1)

第7章
CINRAD/XA-SD 双偏振多普勒天气雷达
典型故障案例分析

7.1　发射机功率下降原因分析

故障现象:雷达在运行过程中出现雷达峰值功率过低报警。

(1)情况一

延时模块到功率监视模块的线缆没有接好或者损坏导致。

线缆位置见图7.1。

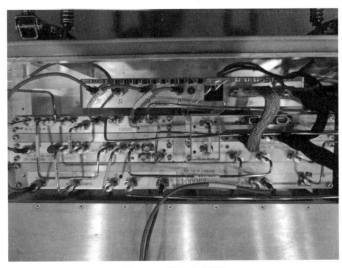

图7.1　线缆位置图

取下并重新连接该线缆,或者更换新线缆,再观察有无峰值功率过低报警。若报警消失,则问题解决。

(2)情况二

更换线缆之后,报警仍然存在。

用示波器检测延时模块 TTL 检波信号,看是否有波形输出。

测试方法:

①将探针(图7.2)接到延时模块 TTL 信号输出口(图7.3);

②示波器点击右侧的"Autoset",然后调节中间的旋钮(图7.4);

③若无输出,则可能是延时模块故障导致,需联系厂家技术人员更换延时模块进行解决;

④若有输出,则可能是功率监视软件缺陷,需联系厂家技术人员远程烧写功率监视程序。

图 7.2　探针

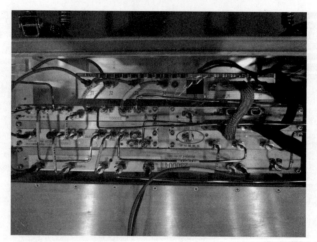

图 7.3　TTL 信号输出口

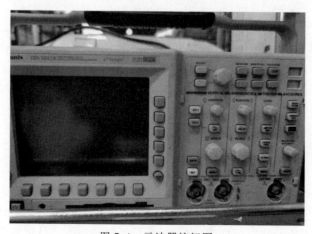

图 7.4　示波器按钮图

7.2　接收机频率源故障分析

故障现象:雷达在运行过程中出现没有回波的现象。

解决方法:问题排查流程可按以下步骤顺序执行,直至解决。

①测试发射机极限改善因子,若发射机极限改善因子正常,说明发射机没问题,发射机极限改善因子测试方法见 5.11 节;

②检查伺服转台是否通电、控制伺服转台是否运转正常,如果运转正常,证明市电供电无问题;

③检查低纹波电源是否正常,电源测试可在收发箱 19 芯供电线处进行测量,电源电压定义可参考转台 19 芯航插定义进行检查;

④如果电压异常,需联系厂家技术人员更换连接线缆或低纹波电源进行解决;

⑤检查频率源第一本振和第二本振的输出信号频率、大小,若信号频率或大小异常,则说明是接收机频率源故障导致,需联系厂家技术人员更换接收机频率源进行解决。

7.3　接收机激励源故障分析

故障现象:雷达在运行过程中出现杂波抑制报警。

(1)解决方法:问题排查流程可按以下步骤顺序执行,直至解决。

①对雷达指标进行测试:杂波抑制报警与相位噪声有关,先进行相位噪声测试(图 7.5);

②H 和 V 通道的杂波抑制值是否时好时坏;

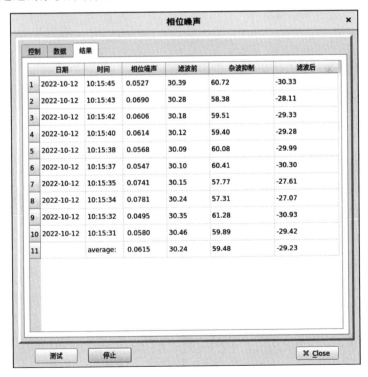

图 7.5　相位噪声测试结果图

③测试发射机极限改善因子,若极限改善因子也存在跳动,则测试信处 DDS 和发射机激励信号的极限改善因子。

(2)以频点为 9.4 GHz 的雷达为例,其测试方法:

①RDA 软件示波器操作(控制信处);

②设置频点 9.4 GHz:cc(radar control console)→RDASOT→反射率标定→参数 6→TR3 发射机工作频率 9.4 GHz;

③设置脉宽:软件示波器上保持脉宽 0.5,分别测量 PRF 为 644/1282 Hz 下的极限改善因子和杂噪比;

④频谱仪复位操作:Preset→MODE→第 1 个;

⑤设置频点:Frequency Channel;

⑥扫描时间 1s:Sweep→1s;

⑦X 轴跨度 1200～2500 Hz:Span X Scale→1200 Hz(PRF644)/2500 Hz(PRF1282Hz);

⑧调节波形整体位移:AMPLITUDE Y scale/FREQUENCY Channel→调节旋钮;

⑨带宽 3 Hz 平均 10 次:BW→3Hz→Average→on→10(N9030A:trace→trace Average→meas setup→Avg 10)(图 7.6、图 7.7)。

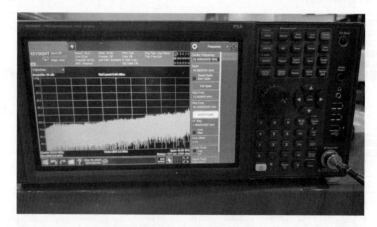

图 7.6　频谱仪按键

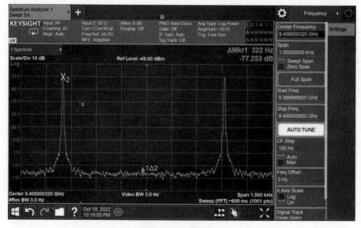

图 7.7　显示屏

测试不同信号区别(其余步骤均相同):

①测试发射机极限改善因子:将射频线缆一端连至频谱仪输入端,另外一段接入收发箱 J3 口(图 7.8);

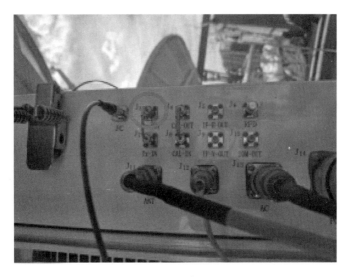

图 7.8　收发箱 J3 口

频点设为雷达本身频点:9.4 GHz。

②测试发射机激励信号改善因子:将射频线缆一端连至频谱仪输入端,另外一段接上变频到发射机输出口(图 7.9);

图 7.9　测试发射机激励信号改善因子射频线连接图

频点设为雷达本身频点:9.4 GHz。

③测试信处极限改善因子:将射频线缆一端连至频谱仪输入端,另外一段接信处到上变频输出口(图 7.10);

频点设为信处本身频点:60 MHz。

④如果测试出发射机激励信号跳动,则说明是接收机激励源故障导致,需联系厂家技术人员更换上变频模块进行解决。

图 7.10　测试信处极限改善因子射频线连接图

7.4　伺服分系统故障处理分析

伺服分系统设备日常工作中出现的故障问题和解决方法，详情见表 7.1。

表 7.1　伺服分系统设备故障问题和解决方法详情表

序号	故障现象	故障分析	解决办法
1	间隙突然变大	固定减速器或转盘轴承的螺钉出现松动	及时紧固螺钉，并加螺钉防松胶
2	转动时出现异响	可能是齿轮缺油或生锈造成； 可能是齿轮啮合部位有杂物进入； 可能是设备转动部位与非转动部位发生了摩擦	发现这种情况应首先给设备转动部位加注润滑油； 如果问题没有改善，应尽快检查是否有杂物进入啮合部位； 如有杂物要停止转动，及时清理干净所有杂物； 检查是否转动与不转动的部位发生了摩擦，把发生摩擦变形的部位修好
3	行程开关失灵	可能是行程开关损坏； 可能是行程开关发生位移，导致行程开关没有接触，直接机械限位了	检查行程开关是否损坏，如果损坏，及时更换； 如果是固定行程开关的螺钉松动，应把行程开关调到合适的位置再紧固，并加螺钉防松胶
4	设备表面有碰伤、划伤	设备在工作的过程中与周围的物体发生了碰撞造成	应及时检查设备周围的物体，与设备发生干涉的尽快移走或减小设备的转动范围
5	设备转动时阻力变大	轴承、齿轮以及丝杠、导轨缺油	应定期给设备加油，时间最好 1a 为 1 个周期（丝杠、导轨要加机油）
6	转台加不上电	急停开关没有松开； 航插连接不牢固； 电缆线断开	检查急停开关有没有松开，检查航插头是否连接牢固，检查电源线的通断
7	软件与转台连接不上	串口号错误； 422 通信电缆连接异常； 转台内部通信模块异常	确认电脑的串口号是否和软件上设置得一致，检查 422 通信电缆连接是否牢固以及通断，检查通信模块是否异常

序号	故障现象	故障分析	解决办法
8	方位无法寻到机械零点	寻零模块损坏； 寻零环过松导致无法触发寻零模块	更换新的寻零模块； 调整寻零环位置，让其可以触发到寻零模块
9	手控失灵	手柄控制电缆异常； 手控盒按钮开关损坏； 手控盒内部按钮接线松动	检查手柄控制电缆连接是否正常； 检查手控盒按钮是否损坏； 检查按钮接线处是否松动
10	方位轴或俯仰轴不转	负载过大； 驱动器异常报警； 电机损坏	确认负载没有超过最大负载； 查看驱动器报警信息

主要参考资料

CINRAD/SA 雷达实用维修手册编写组,2008.CINRAD/SA 雷达实用维修手册[M].北京:中国计量出版社.

柴秀梅,2011.新一代天气雷达故障诊断与处理[M].北京:气象出版社.

刘强,苗雷,2018.X 波段全固态双线偏振一体化天气雷达[J].气象科技进展,8(6):82.

邵楠 a,2018.新一代天气雷达定标技术规范[M].北京:气象出版社.

邵楠 b,2018.气象装备运行保障综合分析评估[M].北京:气象出版社.

斯科尼克,2003.雷达手册(第 2 版)[M].王军,林强,米慈中,等,译.北京:电子工业出版社.

苏德斌,孟庆春,沈永海,等,2012.双线偏振天气雷达天线性能要求及其检测方法[J].高原气象,31(3):
    847-861.

杨传凤,袁希强,黄秀韶,等,2008.CINRAD/SA 雷达发射机故障诊断技术与方法[J].气象,34(2):115-118.

张治国,张曼,仰美霖,等,2017.X 波段双线偏振天气雷达双通道一致性测试及分析[J].气象科技,45(5):
    776-786.

中国气象局综合观测司,2018.新一代天气雷达 CINRAD/SA 维修手册[M].北京:气象出版社.

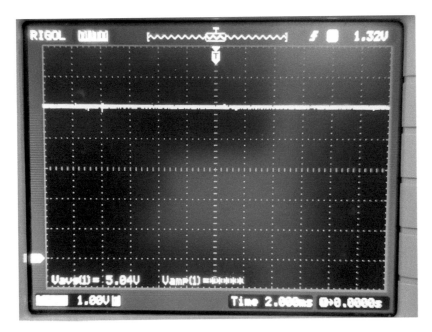

图 2.81　湿度、温湿度传感器供电波形

图 2.82　ARM 控制板测试口

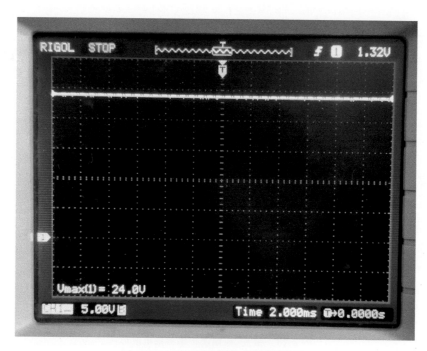

图 2.83　ARM 控制板、光编供电波形

图 2.84　24 V 电源